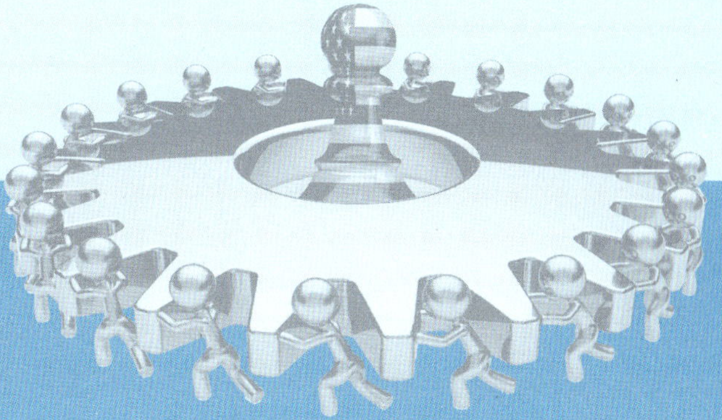

Chip War

# 반도체 전쟁

## 합종연횡의 Power

# 저자의 글

"반도체 전쟁은 지금 어디까지 와 있나요?
끝이 있기는 한 건가요?"

'반도체 전쟁'이라는데 시장은 뜨겁다. 날마다 전해지는 뉴스는 차가운 전쟁과 뜨거운 시장이라는 양극단을 번갈아 보여준다. 그러나 우리의 일상은 마치 아무 일도 없다는 듯 평온해 보인다. 새로운 갈등을 만들 에너지가 물밑에서 약한 틈새를 찾고 있는 데도 말이다. 현재까지 미중 갈등이 반도체 시장을 바꿔 놓았다면 앞으로는 바뀐 반도체 시장이 다시 미중 갈등의 불쏘시개 역할을 할 것이다.

2017년 트럼프 정부 출범과 함께 시작된 미중 반도체 갈등은 현재 진행형이다. 투자, 수출 등 거의 모든 분야에서 진행되고 있다. 다만 규제 차원에서 나올 수 있는 내용은 거의 다 나온 상태라 강력한 규제가 나오고 이전보다 강력한 규제로 발전하던 모습은 보기 힘들다. 그러다 보니 우리의 생각도 많이 무뎌지고 있을 뿐이다. 그 끝에 무엇이 있는지 아무도 모른다는 사실만이 명확하다.

뜨거운 시장은 반도체 기업의 시가 총액이 거침없이 오르는 모습에서 나타난다. 잘 알려지지 않던 반도체 기업들이 스타로 발돋움하고 있다. 미국 시장에서는 2022년 이전 시가 총액 Top 10에 들지도 못하던 엔비

디아가 시가 총액 3위로 올라섰다. 시가 총액 2위인 애플과의 차이도 점차 좁혀지고 있다. 일본에서는 반도체 장비 회사인 '도쿄일렉트론'이 시총 3위로 올라섰다. 우리에게 많이 알려진 소니를 넘어서고 있다. 우리나라에서는 시총 1, 2위는 반도체 기업인 삼성전자, SK하이닉스가 차지하고 있다. 주식 시장은 가히 반도체 전성 시대라 해도 과언이 아니다.

전체 구조는 데이터 시대의 연결을 담당하는 반도체 시장의 논리와 이런 방향을 복잡하게 만들고 있는 미중 지정학적 갈등을 전제하고 있다. 기술은 싸움에 참가할 수 있는 '입장 티켓'이고 지정학적 갈등이 승패를 가르고 있는지도 모른다. 시장의 논리는 어느 정도 논리적으로 예측 가능하지만 지정학 논리는 불확실성이 많은 특성 때문이다. 하나만 보고 달리다간 가진 모든 것을 잃을 수 있다는 경고의 메시지이기도 하다. 반도체 전쟁이 진행되면 될수록 국가 간 연합이나 자국 내 기업들의 연합이 일상화되는 합종연횡은 전체를 가로지르는 핵심 키워드이다. 한 나라가 모든 것을 갖추기 힘든 반도체의 특성을 반영하고 있다.

이 책은 반도체에 대한 이야기다. 단순한 반도체 이야기가 아니라 국가의 운명을 좌지우지할 핵심으로 반도체를 보고자 한다. 이런 트렌드 속에서 우리나라의 많은 기업들이 의미 있고 중요한 모습으로 나타났으면 하는 바람이다.

전체는 5장으로 구성했다. 1장은 반도체 전쟁의 출발점이기도 한 미중 갈등과 그들이 그리는 Big picture를 다루고 있다. 한편으론 상대방을 때리면서 한편으론 자국 반도체를 육성하려는 이중적인 면모를 분석했다. 미중 다툼의 현상과 본질을 다루고 있다.

2장은 반도체 논의에서 한발 비껴 서 있던 존재로 알려진 유럽과 일본의 노력을 다뤘다. 이들을 다룬 것은 미중 갈등 속에서 반면교사로 삼고자 하는 차원이다. 물론 유럽과 일본을 포함한 글로벌 전체 차원의 반도체 Dynamics를 이해하려는 노력의 일환이기도 하다.

3장은 디지털 시대가 요구하는 반도체를 다루고 있다. 자동차, AI 등 반도체와 결합해야 의미를 갖는 분야를 다루고 있다. 디지털 혁신이 우리의 일상생활에 스며들면서 우리의 일상을 바꾸고 있는 반도체에 포커스를 맞추고 있다.

4장은 반도체 시장을 호령하는 5개 기업이 벌이는 물고 물리는 왕좌의 게임 이야기이다. 영원한 적도, 영원한 친구도 없이 정글의 법칙이 난무하는 현장의 이야기이다. 삼성전자, 인텔, TSMC가 벌이는 파운드리 경쟁, 설계의 절대 강자 ARM, 반도체 장비의 슈퍼乙인 ASML을 다루고 있다.

5장은 지정학 갈등, 디지털 사회의 도래 등 반도체를 둘러싼 환경에 대한 우리 식의 해석이다. 반도체 전쟁을 잘 헤쳐가기 위한 아이디어를 담고 있다.

이 책은 "반도체 전쟁, Winner의 조건" 출판 이후 보내주신 독자들의 궁금증에 대한 나름의 화답이다. 깐깐한 독자들의 질문에 대해 고민하고 대답하기를 반복해가는 필자의 성장기이기도 하다. 때로는 현미경

으로 때로는 망원경으로 관찰하면서 반도체 세계에서 일어나는 일에 대한 기록이다. 미국이 얼마나 처절하게 목표를 세우고 이를 달성하기 위해 어떤 방식과 시스템으로 접근하는지에 대한 끊임없는 질문서이다. 또한, 비즈니스 환경이 속속 바뀌는 상황에서 위험에 대응하고 기회를 찾는 기술 기업들의 분투기이기도 하다.

5년 뒤, 10년 뒤, 반도체 역사가 궁금해지는 시점에 과거를 반추해 볼 때 참고 가치가 있으면 이 책의 소임은 다 했다고 본다. 이런 기록을 멈출 수 없는 이유이기도 하다. 사초를 기록하듯 차곡차곡 하나씩 더하다 보니 종이 뭉치가 아니라 감당하기 어려울 정도의 돌뭉치가 됐다. 앞으로 '반도체 전쟁'이 끝나는 어느 시점까지 기록이 이어진다면 새로운 돌뭉치가 몇 개 더 포개져야 할 것이다.

많은 분들의 도움과 격려에 감사드린다. 2022년 "반도체 전쟁, Winner의 조건"의 출판 이후 바뀐 상황을 어떻게 반영할지 생각이 많았다. 한올출판사의 임순재 대표님과 최혜숙 실장님의 적극적인 설득이 큰 힘이 됐다. 두 분과 인연이 없었더라면 시도해 보기조차 힘든 도전이 됐을 것이다. 함께 치열한 고민을 공유하며 지적인 자극을 주는 동료들에게도 감사를 드린다. 가족들의 믿음과 배려는 말뭉치의 무게를 버텨내는 에너지원이었다.

2024년 가을
광화문에서

# CONTENTS

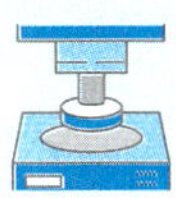

# 반도체 코리아에 비상등이 켜졌다

"우리나라 반도체는
K-Pop만큼 매력적인가?"

K-Pop 그룹들의 글로벌 질주가 놀랍다. 이들은 매력의 끝판왕이다. 공연 현장을 보기 위한 치열한 전쟁은 예매부터 시작된다. 공연 티켓은 예매 사이트 오픈 몇 초 만에 완판이다. 지구촌 구석구석 모든 사람을 줄 세울 수 있을 만큼 강렬하다.

반도체의 매력도는 어떻게 확인할 수 있을까? 반도체를 사려고 발을 동동 구르거나 서로 같이 하자는 러브콜을 시도 때도 없이 보낼 때가 아닐까? 우리나라는 어느 즈음에 있을까?

우리나라는 반도체 강국이다. 세계 무대에서 우리나라가 제대로 대접을 받는 것은 반도체를 잘 만들기 때문이다. 바이든 대통령과 시진핑 주석이 반도체를 강조할수록 우리나라의 몸값이 높아지는 이치이다. 프로야구는 시즌이 끝나고 새로운 시즌이 시작되기 전 큰 전쟁을 한 번 치른다. 새로운 시즌 전력 보강을 위해 해외에서 선수를 데려오거나 다른 팀에서 선수를 스카우트한다. 좋은 조건을 많이 가진 선수일수록 선택의 폭이 넓어지고 부르는 곳이 많다. 우리나라의 반도체는 서로 데려가거나 함께하고 싶은 스카우트 1순위이다.

반도체를 기능 차원에서 보면 메모리와 비메모리로 나눌 수 있다. 메모리는 정보를 기억하고 필요할 때 이를 꺼내 사용하는 반도체이다. 비메모리는 연산과 추론 기능을 주목적으로 하고 있다. 현재 시장 규모는 메모리 30%, 비메모리 70% 정도를 유지하고 있다. 우리나라는 DRAM과 NAND를 생산하는 메모리 반도체 분야 세계 시장의 60% 이상을 차지하는 절대 강자이다. 모든 것을 다 잘할 수는 없다. 메모리보다 시장 규모가 크고 기술과 시장이 까다로운 비메모리 반도체에서는 우리나라의 존재감이 약하다.

### 자체 칩을 개발하는 Big Tech 기업들

자료: 각사(조선일보, 2021)

생산 차원에서 IDM을 제외하면 우리나라가 채워가야 할 공간이 많이 남아 있다. 반도체는 크게 반도체를 생산하는 Fab, 설계를 담당하는 팹리스Fabless, 소재Materials, 장비Equipment로 나눌 수 있다. 생산을 담당하는 팹은 2개로 나눌 수 있다. 설계와 생산을 같이 하는 IDMIntegrated Device Manufacturer과 생산만 전담하는 파운드리Foundry, 위탁 생산이다. 이 가운데 우리나라는 삼성전자, SK하이닉스처럼 IDM이면서 메모리를 생산하는 데 경쟁력을 가지고 있다는 말이다.

그런데 최근 언론에서는 다른 나라 반도체 기업들의 뉴스가 쏟아진다. 이미 알려진 기업뿐만 아니라 생소한 기업들의 이름도 오르내린다. 언론의 보도 내용은 어디에 얼마를 투자하고, 기업 간 짝짓기가 어떻게 전개되고 있고, 어떤 기업이 유례 없는 호황을 겪고 있거나 반대로 어려움을 겪고 있다는 등 다양하게 걸쳐 있다. 반도체 기업뿐만 아니라 반도체를 사가는 큰손들인 구글, 애플, 아마존, 테슬라 등도 자체 반도체 설계를 하겠다고 나서고 있다. 반도체 시장이 단순히 현재의 반도체 기업뿐만 아니라 반도체를 많이 사용하는 수요 기업까지 포함된 새로운 게임이 시작되는 것이다. 이번 게임은 미래 혁신의 리더를 가리는 또 다른 의미를 가지는 폭발력을 지니고 있다. 밀리면 2등이 아니라 완전히 나락으로 떨어질 수 있는 게임이다. 혼자서만 잘해도 안 된다. 반도체의 생산과 수요라는 전체 생태계를 아우르는 전쟁이다.

우리나라 기업에 대해서는 걱정의 목소리가 주를 이루고 있다. "이러다가 한국의 반도체 위상이 흔들릴 것이다", "1990년대 일본처럼 반도체 몰락의 전철을 밟을 수 있다" 같은 우려가 많이 나온다. 현재의 우려는 우리나라의 미래 먹거리와도 연결된다. 반도체의 새로운 게임이 비메모리 분야를 중심으로 진행되고 있어 우려를 더하고 있다. 세상은 그렇게 우리나라의 약한 고리를 파고들고 있다. 반도체 없는 한국은 상상조차 하기 힘들다. 그만큼 반도체 코리아의 위상을 흔들 수 있는 핵폭탄 같은 내용들이 많이 생기고 있다.

우선 전쟁에 참전할 수 있는 수준의 기술이다. 기술은 참전을 위한 입장권이다. 다른 한편, 지정학적 갈등에 주눅들지 않고 파도타기할 수 있는 유연함이다. 합종연횡의 시대, 기술과 유연성에 우리나라 반도체의 미래를 걸어 본다.

Red Queen 효과. '이상한 나라의 엘리스'는 어릴 때 한 번쯤 들어봤거나 읽어본 경험이 있을 것이다. 아이들뿐만 아니라 어른들에게 높은 인기를 끈 동화이다. '이상한 나라의 엘리스' 속편으로 나온 '거울나라의 엘리스'에 붉은 여왕이 나온다. 엘리스는 여기서는 아무리 달려도 제자리 걸음을 하고 있는 것 같다는 이야기를 한다. 붉은 여왕은 세상이 빠른 속도로 바뀌기 때문에 지금 뛰는 속도보다 더 빨리 뛰어야 한 발자국이라도 앞으로 나갈 수 있다는 말을 들려준다. 그렇다. 우리나라가 아무리 메모리 반도체 분야에서 잘하고 있더라도 다른 나라들이 더 빨리 뛴다면 그 격차가 점차 좁혀지는 원리와 같다.

호랑이에 물려가도 정신만 차리면 살 수 있는 법, 막연히 걱정만 할 것이 아니라 세상이 어떻게 돌아가는지 알아야 하지 않을까. 뭘 걱정하고 뭘 준비해야 할지의 힌트는 널려 있다. 우리가 그것을 이해한다면 말이다.

# 들어가며

## 반도체는 국가적 인프라

"왜 반도체가 중요하죠?"

"2022년 11월 중간 선거를 생각하셔야죠"

"그게 무슨 말이죠?"

"Job first 대통령, 당신이 원하는 것 아닌가요?"

2021년 1월 백악관에서의 가상 대화를 꾸며봤다. 미국의 46대 대통령으로 취임한 바이든 대통령과 참모들은 트럼프 정부와 차별화된 뭔가를 찾기 위해 정신없이 바쁘다. 행정부에서 밀어줄 만한 큰 분야이면서 많은 유권자에게 어필할 수 있는 테마가 없을까. 한마디로 굵직한 분야를 찾고 있었다. 시간이 흐를수록 해답 없는 제안들만 쏟아지고 논의는 미궁 속으로 빠져들고 있었다. 새로운 미국을 만들기 위해 의욕적으로 시작한 그들에게도 뾰족한 대안이 없었던 것이다. 그때 백악관에 설치된

TV에서 스쳐가듯 지나가는 헤드라인, "자동차 반도체 부족 심각" 누군가 "그래 이거야!"라고 외치자 모두의 눈이 TV 채널에 고정된다. 자동차와 반도체는 미국의 거의 전 지역에서 공을 들이고 있는 분야이지 않는가. 이걸 잡으면 임팩트도 클 것이고…. 그래, 반도체로 낙점하자. 대통령 바이든의 정치적인 행보를 알리는 신호탄이다.

코로나19 와중에 집권한 바이든 대통령. 그의 머릿속으로 들어가보자. 금융, 물류 같은 서비스업 위주로 성장해온 미국의 한계가 분명하지 않은가? 아무리 첨단 서비스 시스템을 갖추고 있어도 그 시스템을 움직이는 데 필요한 물건을 만들 수 없으니 이것만이라도 먼저 해결해보자. 코로나19에서 보듯 튼튼한 제조업 기반을 가진 나라들이 너무 부럽기만 하다. 제조업이 정답이다. 제조업 가운데 급여도 높고 안정적인 새로운 일자리를 만들 수 있으면 금상첨화. 투자가 늘고 소득이 많아지면 이 모든 것이 대선 지지로 이어질 것이라는 생각으로 말이다. 실제 반도체 제조 시설은 미국의 18개 주에 걸쳐 있기도 하다. 이들을 정치적 자산으로 삼을 수 있을 것이다. 바이든의 'Silicon President' 구상은 그렇게 시작됐다.

실제 미국 내 반도체 산업의 위상은 대단하다. 직간접적으로 185만 개의 일자리를 만들고 있다. 미국반도체협회의 추산에 따르면 500억 달러의 정부 인센티브가 집행되면 향후 5년 동안 1,100만 개의 일자리를 창출하게 될 것이다. 급여 수준도 일반 제조업 종사자의 2배 이상이다. 2019년 반도체 제조업체 종사자의 평균 연봉은 16만 달러인 반면 일반 제조업체 종사자의 연봉은 7만 달러 수준이다.

반도체 투자를 늘리면 일자리뿐 아니라 미국의 제조업 부활에도 일조할 수 있다. 해외로 향하던 투자의 물길을 미국 내로 돌려놓을 수 있을 것 같기도 하다. 이미 반도체는 2020년 470억 달러를 수출해서 항공기,

석유 제품, 석유에 이은 4대 수출품이지 않은가.

Silicon 대통령, Job First 대통령, Export 대통령. 미국에서 이런 칭호를 동시에 받았던 대통령은 아무도 없었다. 반도체에 대한 정치적인 계산은 끝났다. 이를 실제 어떻게 다뤄야 할까? 미국이 잘하는 애국주의에 호소해보기로 정했다. 안보 불안 해소와 공급망 안정화는 상징적이면서도 실질적인 키워드가 될 것이다. 남은 것은 역할 분담과 메시지 관리.

먼저 제이크 설리반을 국가 안보 보좌관으로 낙점했다. 그가 누구인가? 예일대 로스쿨 출신의 40대 외교 천재로 알려진 인물이다. 트럼프 시대에 흐트러진 미국의 외교를 정상으로 복원하는 막중한 임무를 맡고 있다. 바이든 대통령은 "한 세대에 한 명 나올 법한 지적인 인물이다"라며 그에 대한 무한 신뢰를 보내고 있다. 제이크 설리반은 생각만큼이나 행동도 전광석화처럼 과감하다.

2021년 4월 12일 일자리 창출과 반도체 공급망 안정을 위한 화상 회의는 그렇게 시작됐다. 초대된 19개 회사들의 면면도 화려하다. 반도체를 생산하는 회사에서부터 이를 구매하는 대형 고객까지 총망라했다. 한국의 삼성전자를 비롯하여 대만의 TSMC, 알파벳구글의 모 회사, AT&T, 델 테크놀로지, 포드, GM, 글로벌 파운드리, HP, 인텔, 마이크론, NXP. 바이든 대통령이 예고도 없이 화상 회의에 참석해 미국에 투자하라고 강권하면서 전 세계인들의 주목을 끌었다. 메시지는 명확하다. 국가 안보라는 얼굴을 갖고 반도체 공급 문제를 다루겠다는 선전 포고인 것이다.

한 달 뒤인 5월 12일. 이번에는 지나 러몬드 상무부 장관이 전면에 나섰다. 미국은 유례가 없는 방식으로 기업들을 몰아붙이고 있다. 미국은 준비가 끝났으니 빨리 투자 계획을 내놓아라. 초청된 멤버는 1차와 비슷하지만 구체적인 계획을 내놓으라고 다그치는 역할은 상무부 장관의 몫으로 정했다. 9월 23일에도 반도체 정상 회의는 계속됐다. 브라이언

디스 백악관 국가경제위원회NEC, National Economic Council 위원장과 지나 러몬드 상무장관이 회의를 주재했다. 2번의 회의를 했는데도 자동차용 반도체 부족, 미국 내 반도체 공장 증설 등 핵심 사안에 진전이 없었기 때문이다. '기업의 생산과 판매에 대한 자료를 공개하라.' 미국 정부의 시간표대로 움직이지 않자 직접 기업을 압박하고 나섰다.

유례가 없는 미국의 반도체 압박. 왜 미국은 반도체에 이렇게 과도한 관심을 보이고 있을까? 그 이유는 간단하다. 반도체를 단순한 첨단 제품이 아니라 국가의 흥망을 결정할 국가 인프라National Infra로 인식하고 있기 때문이다. 반도체는 핸드폰, 가전 제품을 잘 돌아가게 하는 단순한 제품이 아니다. 통신, 도로, 전력 등 한 나라를 움직이는 인프라 분야에 반도체 사용이 점차 많아지고 있다. 반도체가 부족하거나 성능이 떨어지면 이런 국가 시스템이 붕괴된다는 뜻이다. 어느 나라보다 셈이 빠른 미국. 반도체를 핵심 요소Key Component로 정의하고 2021년에만 무려 3번의 반도체 정상 회의Semiconductor Summit를 개최한 의미는 여기에 있다.

반도체는 계속 있어왔는데 왜 지금 반도체에 주목하고 있는가? 이는 반도체가 단순한 첨단 제품이 아니라 국가의 경쟁력을 좌지우지하는 핵심 제품이기 때문이다. 미국은 안보, 산업 안정, 국가 인프라 등 다른 용어를 사용하며 반도체의 중요성을 강조한다. 말만이 아니라 미국이 쏘아올린 반도체 투자 전쟁은 빠르게 시장을 바꿔놓고 있다. 미국의 조바심에는 유효 기간이 있다. 좌고우면이 길어지면 미국의 눈 밖으로 날 수 있다. 이제 남은 과제는 누가 어디에서 얼마나 빨리 계획을 구체화하는가에 달렸다.

'핵심 요소'로서 반도체는 크게 보면 두 가지 경로를 통해 시장을 들쑤시고 있다. 미중 반도체 갈등과 디지털 혁신Digital Transformation이 그것이다. 디지털 혁신이 가속화되면서 디지털 혁신에 필수재인 반도체 확보 경쟁이 치열해졌다. 디지털 혁신이라는 Big Trend는 하루아침에 없어질 그런 성격이 아니다. 이런 상황에서 미국과 중국이 반도체를 둔 기술 전쟁을 시작했다. 반도체 전쟁은 시장, 기술 차원에서 시작해서 국가 단위로 점차 확대되고 있다. 국가 단위도 동맹국과 비동맹국 간 새로운 진영이 만들어지고 있다. 기술 전쟁이 마지막에 어떤 모습으로 나타날지 아무도 모른다. 다만, 기술 전쟁이 어떻게 흘러가고 있고 시장에 어떤 기회와 위협을 만드는지는 아는 만큼 힘이 된다. 맨몸으로 거친 파도를 헤쳐갈 수는 없는 노릇이기 때문이다.

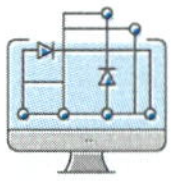

# 반도체 전쟁, 합종연횡의 Power

# Chapter 1

# 반도체를 가진 자가
# 세계를 지배한다

Chapter

# 1

## 반도체를 가진 자가 세계를 지배한다

반도체에 대한 시선이 달라지고 있다. 반도체는 오랫동안 있어왔던 제품인데 그 쓰임새가 달라지면서 반도체에 대한 재평가가 이뤄지고 있는 것이다. 글로벌 공급망이 불안해지면서 원하는 만큼 반도체를 가질 수 없는 시기적 특성도 한몫하고 있다.  역설적이게도 미중 갈등은 반도체의 위상을 잘 보여주고 있다.

반도체를 가진 국가들은 더 가지고 싶어 하고, 반도체가 없는 국가들은 확보 자체를 위해 사력을 다하고 있다. 이는 반도체를 두고 미국이 수출·투자 등 합법적인 모든 수단을 동원해 중국을 때리는 배경이 되고 있다. 디지털 혁신으로 반도체의 수요가 폭발적으로 증가하는 상황에서 미중 갈등이라는 지정학적 갈등이 결부되면서 반도체는 더욱 복잡하게 얽히고 있다.

미국은 디지털 혁신에서도 가장 앞서가고 있다. 이를 기반으로 애플, 아마존, 구글, 테슬라, 마이크로소프트 같은 기업들이 시장을 리딩하고 있다. 미국의 Big Tech 기업들이 한국, 대만의 기업들이 생산하는 반도체 구매를 위해 줄을 서면서 문제가 시작됐다. 이들 기업들이 제품과 서비스를 제대로 구현하기 위해 반도체 생산에 가장 앞서 있는 국가들의 눈치를 보는 상황인 것이다. 예를 들어 대만에는 TSMC라는 세계 최대의 파운드리 회사가 있다. 이 회사가 문을 닫으면 미국의 Tech 기업들은 비즈니스를 접어야 하는 상황이다. 이런 기회를 놓칠세라 대만은 '반도체 방패'Silicon Shield 전략으로 미국에 큰소리치고 있다. 대만의 반도체를 보호하기 위해 미국이 적극적으로 대만을 방어해야 한다는 논리다. TSMC를 지키기 위해 미국이 나서는 상황이 벌어지고 있다.

이 지점에서 미국은 위기 의식을 강하게 가지게 된다. 한국, 중국, 일본, 대만 등 동아시아 지역에 글로벌 반도체 생산 시설의 75%가 집중돼 있다. 미국은 국제 관계가 복잡하게 얽혀 있는 동아시아 지역이 미국의 생명줄을 좌지우지하는 상황을 바꿔보자는 생각에 미치게 된다. 특히, 중국 변수를 고려할 때 계속 대만에만 반도체 생산을 맡겨놓을 수 없는 노릇이다. "미국 회사가 필요한 반도체는 미국에서 다 만들게 하자." 미국이 그리는 그림은 반도체 생산의 내재화이다.

# 백악관을 흔들어 놓은 두 개의 보고서

"지금 중국을 막지 못하면
반도체 산업과 국가 안보는 장담할 수 없다"

2017년 1월 백악관의 대통령 집무실 오벌 오피스Oval Office. 대통령 취임식을 끝낸 흥분도 잠시, 트럼프 대통령의 책상 위에는 두껍지도 않은 32페이지 보고서가 놓여 있다. 이 보고서가 미중 반도체 전쟁의 불씨가 되어 활활 타오를지 아무도 몰랐다.

문제의 32페이지 보고서는 미국 대통령의 과학 기술자문위원회PCAST, President's Council of Advisors on Science and Technology의 작품이다. 제목은 "반도체에서 미국의 장기적 리더십 강화Ensuring long-term US leadership in semiconductors". 점잖게 뭐가 문제라는 담론만 꺼내놓고 할 일 다했다며 팔장끼고 있는 말로만 위원회가 아니다. 그들의 제안은 무게감을 가지며 상당히 날카롭게 상대방을 겨냥한다. 상대방을 찌르고 얼마나 고통스러워하는지까지 확인하고자 한다. 그 상대방은 중국이다. 결국 과학기술자문위원회의 제안은 중국을 어떻게 보고 다뤄야 하는지에 대해 Guideline을 제시하는 '중국을 다루는 전략 지침서'이다. 단순히 반도체만의 문제를 넘어서 미국이 미래 첨단산업을 주도하기 위한 로드맵에 가깝다.

보고서 작성에 참가한 집필진의 면면도 화려하다. 과학 기술자문위원회 산하 반도체 실무 그룹Working group에는 미국의 과학 정책 분야의 대표적 석학인 John Holdren을 공동 위원장으로 이름을 올려놓고 있다. Intel, Freescale, Global Foundries, Qualcomm, Applied Materials 등 미국의 반도체 기업을 대표하는 회사들의 전현직 CEO도 참여하고 있다.

과학 기술자문위원회의 제안대로 이어진 3년간의 맹렬한 공격, 설마가 현실화되면서 시장은 한 번 뒤집어졌다. 시장이 가장 싫어하는 불확실성 확대, 미국의 중국 반도체 공격이 어디까지 언제까지 이어질지 시장은 숨죽여 지켜보고 있었다. 트럼프 대통령의 스타일상 질서정연하게 진행되지는 않았지만 중국의 급소를 정확하게 때렸다. 세계 최강대국인 슈퍼 파워가 작정하고 나서자 중국은 사색이 됐다.

REPORT TO THE PRESIDENT
Ensuring Long-Term U.S.
Leadership in Semiconductors

Executive Office of the President
President's Council of Advisors on
Science and Technology

January 2017

과학 기술자문위원회 보고서의 표지

드디어 중국을 잡았다고 자화자찬하는 트럼프 행정부, 그 모습에 못마땅해하던 미국반도체협회SIA, Semiconductor Industry Association는 정치권에 강펀치를 날린다. 지금의 여세를 몰아가자는 강력한 신호를 보내기로 했다.

"중국을 때리는 건 늦은 감이 있지만 잘했어.
중국만 때린다고 죽어가는 반도체가 살아나지는 않아.
이제부터 당신들의 진정한 실력을 보여줘"

미국반도체협회는 대책 마련에 골몰한다.

'미국에 반도체 생산 시설이 부족해 이 난리가 났는데 뭣들 하고 있는 거지? 정부와 의회를 움직여야 겠다.'

미국반도체협회는 먼저 보스턴 컨설팅을 급히 찾는다. 다른 나라 눈치 보지 말고 정부와 의회가 나설 논리가 필요했다. 보고서 발표 시점은 미국의 대선 윤곽이 어느 정도 드러나는 2020년 9월로 정했다. 사실상 차기 대통령을 염두에 둔 행보이다.

BCG와 SIA 공동 보고서 표지

내용과 시점을 확정하자 미국반도체협회의 움직임이 빨라진다. 26페이지 분량의 '반도체 생산에서 정부 인센티브와 미국의 경쟁력' Government incentives and US competitiveness in semiconductor manufacturing이란 보고서에서 미국반도체협회는 에둘러 돌아가지 않고 직진하기로 한다.

"이대로 가면 앞으로 중국이 생산한 Chip을 써야 할지도 모른다. 중국은 반도체 공장 건설과 운영에 최대 40%까지 지원한다. 현재 추세대로 진행되면 2030년 중국이 글로벌 반도체 생산의 1위 국가가 될 것이다."

중국 이슈는 파괴력이 컸다. 미국 의회는 민주당, 공화당을 가리지 않고 당을 초월해 법안을 마련했다. 2020년 반도체에 500억 달러를 지원하는 파격적인 법안은 속전속결로 이렇게 세상에 나왔다. CHIPS for America Act의 탄생이다. 전체 이름은 Creative Helpful Incentives to Produce Semiconductors for America Act이다. 단어의 첫머리 글자를 따서 CHIPS라는 단어를 만들었다.

이 법안을 만든 이유가 법안의 서문에 자세히 나와 있다. 목적은 첨단 R&D의 활성화, 공급 사슬의 안정화, 장기적인 국가 안보와 경쟁력의 확보이다. 이를 위해 연방 정부 지원 확대를 기반으로 반도체 생산에서 미국의 리더십을 회복하겠다는 것이다.To restore American leadership in semiconductor manufacturing by increasing Federal incentives in order to enable advanced research and development, secure the supply chain, and ensure long-term national security and economic competitiveness. 표현은 점잖게 했지만 내용은 미국이 반도체 생산의 중심 국가가 되겠다는 것이다. 2021년 들어서는 수정 법안을 내 520억 달러까지 지원금을 확대하기로 했다. USICAThe United States Innovation and Competition Act of 2021가 그 주인공이다.

2022년 8월 반도체와 과학 기술을 아우르는 반도체법Chips and Science Act이 통과됐다. 이 법안의 통과는 미국의 반도체 역사에 큰 이정표를 남기게 됐다.

보수 싱크탱크인 CSISCenter for Strategic & International Studies가 측면 지원에 나섰다. 정리하면 이렇다. 정부가 전면에 나설 수 있는 명분은 충분하다. 서유럽과 일본은 정부의 정책을 통해 산업

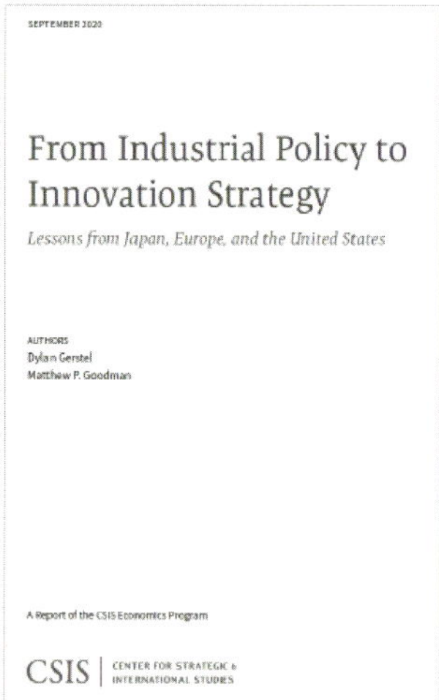

CSIS의 보고서 표지

을 육성하는 데 많은 성과를 내고 있다. 미국도 과거 2차 세계 대전 이후 몇 번의 성공 모델이 있다. 1980년대 일본의 반도체와 싸우며 시도했던 SematechSemiconductor Manufacturing Technology 프로젝트가 대표적이다. Sematech 컨소시엄의 사무국은 1987년 텍사스의 오스틴에 설치됐으며, 1988~1996년까지 약 8.7억 달러 예산이 투입됐다. 미국의 반도체 업체 14개를 중심으로 산관학 3자 연합Triangular alliance을 통해 미국의 반도체 강국 부활을 이끌었다. 미국의 창의적인 성공 방정식은 정부와 기업이 서로의 리스크를 줄이고 시장을 주도할 수 있는 모델을 만든 데 있다. 옛날에도 해봤기 때문에 반도체 지원에 정부가 나서도 아무런 문제 될 것이 없다. 눈치 보지 말고 빨리 뭔가를 내놔라.

반도체 산업을 대표하는 미국반도체협회, 유권자들의 눈치를 살피는 정치권, 미국의 지식인 네트워크의 상징인 싱크탱크. 각자 따로 움직인 것처럼 보이지만 각자의 역할을 수행하며 상대방에게 귀를 여는 사회. 미국의 애국주의와 시스템이 결합되며 미국의 저력을 보여주기에 충분했다.

# 미중,
# 반도체 전쟁의 개막

2018년부터 본격화된 미중 무역 전쟁, 그 전선의 맨 앞에 미국무역대표부USTR, United States Trade Representative가 있는 것은 당연하다. "중국의 불공정한 무역 관행 때문에 미국 경제에 수천억 달러의 손실을 주고 있다." 트럼프 대통령은 사자후를 토했고, 미국무역대표부는 중국을 겨냥했다. 중국산 제품에 25% 관세를 매기겠다는 것이다. 그렇게 시작된 싸움은 2020년 1월 양국 간 무역 합의가 있기까지 서로 관세 부과 대상 품목을 확대하면서 팽팽한 경쟁을 이어왔다.

우리의 머릿속에 각인된 미국무역대표부는 정말 세다. 수출로 먹고사는 한국은 관세를 무기로 수출을 못 하게 막을 수 있는 이 조직이 두렵다. 미국의 일개 부서가 미국 자체보다 크게 다가오는 느낌이다. 1962년 특별법을 근거로 설립된 미국무역대표부는 200여 명의 통상 전문가들이 포진해 있다. 매년 국가별 무역 장벽 보고서를 발표하여 해당 국가의 간담을 서늘하게 만들기도 한다. 무역 장벽 보고서는 일종의 경고이다. 시간이 지나도 미국이 원하는 대답을 내놓지 않으면 무지막지하게 관세

등을 통해 상대국을 압박한다. 미국무역대표부의 수장은 대통령 주재 각료 회의의 장관급 고정 멤버이다. 이를 반영하듯 미국의 19개의 관련 기구로 구성된 무역정책심의그룹TPRG, Trade Policy Review Group을 총괄·지휘한다.

미국이 일으킨 관세 전쟁에서 원래 목표로 내걸었던 미국의 대중 무역 적자가 개선되지 않자 새로운 주자가 등장한다. 미국 상무부 산하 산업안보국이다.BIS, Bureau of Industry and Security 산업안보국은 미국무역대표부처럼 앞에 나서지 않고 조용히 무대의 뒤에서 미중 Tech 경쟁의 해결사로 나선다. 산업안보국의 무기는 블랙리스트이다. 미국무역대표부가 국가를 상대로 전쟁을 했다면 산업안보국은 철저히 기업을 정조준하며 시장을 뒤흔들어 놓는다. 미국무역대표부에서 산업안보국으로의 세대 교체는 미중 전쟁의 영역이 무역에서 Tech로 바뀌고 있음을 상징적으로 보여준다. 미국의 궁극적인 목표는 Tech 전쟁인데 무역 전쟁을 빌미로 삼았는지도 모른다. 무역 전쟁을 통해 중국에 경고장을 날리면서 중국의 반응을 넌지시 떠본 것일 수도 있다.

# 미국이 생각하는 반도체

미국에서 반도체는 무슨 의미일까? 반도체 자체의 중요성보다는 반도체의 활용에 방점을 찍고 있다. 미래 혁신 산업을 키워나가는 데 필수적인 핵심 부품으로 반도체를 본다. 한마디로 미국에는 Big Tech 기업이 많아 이들에게 필요한 반도체만큼이라도 미국 내에서 자체 공급하자는 것이다. 미국의 관심사는 반도체 자체보다 Big Tech 같은 전방 산업에 있는 것이다. 이런 맥락에서 반도체는 '반드시 이겨야 하는'Must Win 대표 상품이 됐으며, 그 상대는 바로 중국이다. 반드시 이긴다는 것은 승부의 추가 한쪽으로 기우는 수준이 아니라 상대방이 완전히 항복 선언을 하는 수준까지 가는 상태를 의미한다.

이에 반해 중국은 반도체 자체가 중요한 분야이다. 중국의 1위 수입 품목이 과거에는 산업화에 필요한 원유Crude Oil였다면, 현재는 정보화에 필요한 반도체이다. 중국이 '세계의 공장'으로 불리지만 반도체 확보가 안 되면 모든 공장이 문을 닫아야 할 판이다. 시진핑 주석은 2018년 중국 반도체 기업이 모여 있는 '양자강 벨트'를 찾았다. 그가 찾은 곳은 칭

### 중국 '반도체 심장론' 선언

시진핑 주석(사진 왼쪽)은 2018년 4월 후베이성 우한에 있는 XMC 반도체 공장을 둘러보고 있다.
자료: 연합뉴스

화유니를 모기업으로 두고 있는 메모리 회사 YMTCYangtze Memory Technologies Co.와 파운드리 회사 XMCXinxin Manufacturing Co.이다. 이 자리에서 시진핑 주석은 '반도체 심장론'을 꺼내며 반도체 자립화를 강조했다. 구체적으로 2025년까지 반도체 자립도 70% 달성을 주문했다. 중국의 1인자가 반도체 경쟁에 불을 당긴 일대 사건이다.

미국은 중국의 반도체가 아직 멀었다는 것은 알고 있다. 미국이 막으면 중국이 쉽게 그 장벽을 넘기 어렵다는 것도 알고 있다. 그래도 넋 놓고 있다가는 당할 수 있다는 생각이다. 중국에 경고하면서 미국 내 경각심을 일깨우고자 하는 이중 포석이다. 중국이 내연 기관 자동차를 건너뛰고 바로 전기 자동차로 들어온 사례는 뇌리에서 쉽게 지울 수 없는 사건이다. 한참 아래라고 생각했던 중국의 전기차 배터리, 전기 자동차가 중국 시장에서 외국 기업을 쫓아내더니 이제 글로벌 시장에 하나씩 나타나고 있다. 전기차 배터리에서 중국 기업은 상위 10대 기업 가운데 6개를 차지하며 브레이크 없는 질주를 하고 있고, 생소한 기업들이 상위권 진입을 노리고 줄을 서 있다. 반도체에서 이런 상황이 재현되지 말라는 법이 없지 않을까? 미국의 고민은 여기에서 시작됐다.

**전기차 배터리 시장 점유율(2023년)**

자료: SNE리서치(2024)

미국의 큰 그림 1

# 중국 기업, Redline을 넘지 마라

## 어떻게 중국을 상대할 것인가?

미국의 중국에 대한 반도체 기술 규제는 사실상 2018년 총성을 울렸다. 수출, 투자, 수입 등 상거래의 거의 전 영역에서 중국과의 거래를 제

2019년 국방수권법 중 미국의 대중 제재와 관련한 내용

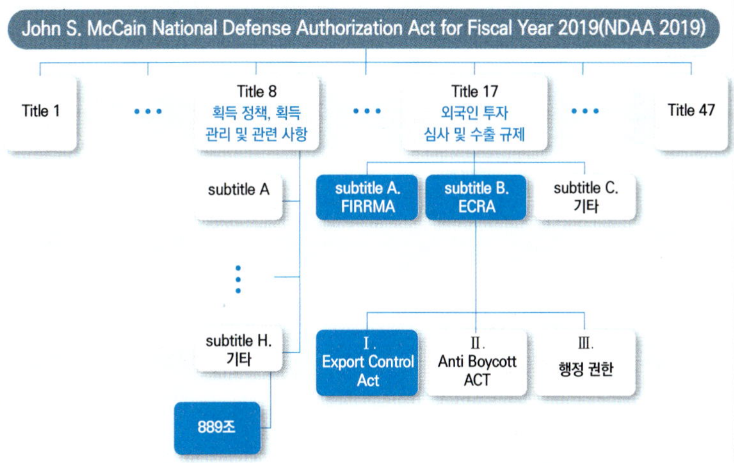


자료: 연원호, 나수엽, 박민숙, 김영선(2020), KIEP

한하고자 시작됐다. 2018년 8월 통과된 2019년 국방수권법이 압권이다. 수출 관련 ECRA Export Control Reform Act와 ECRA를 집행하기 위한 EAR Export Administration Regulation, 외국인 투자를 제한하기 위한 FIRRMA Foreign Investment Risk Review Modernization Act와 이에 따른 CFIUS Committee on Foreign Investment in the United States의 권한 강화를 포함하고 있다.

이제 중국을 공격할 수단은 확보했다. 어떻게 해야 할까?

## 미국의 Rising Star, 산업안보국

중국을 규제하기 위한 법률이 큰 방향성을 제시했다면 법률을 집행하면서 상대방을 압박하는 역할은 산업안보국의 몫이다. 미국 입장에서는 국익을 지키는 수호천사 같은 존재가 산업안보국이다. 반면, 중국은 미국무역대표부라는 큰 산을 넘고 나니 또 다른 큰 산을 만난 격이다.

미국은 법률에 보완이 필요하면 수정 법안을 통해 새로운 내용을 포함시킨다. 달리 말하면 한 번 정해진 법률은 폐기 법안이 나오지 않는 한 계속 유효하다는 것이다. 법률에 유효 기간이 없다는 것은 상대방에 상당히 위협적이다. 예를 들어 1917년 발효된 '적성국과 거래에 대한 법률' TWEA, The Trading with Enemy Act은 1차 세계 대전 막바지에 제정되었는데 현재까지 갱신을 거쳐 살아남아 있다. 물론 일부 내용이 수정되면서 그 적용 범위가 축소되기도 했다.

산업안보국은 수출관리규정 EAR에 따라 국가, 상품, 기업으로 나눠 규제하고 있다. 실제로는 국가와 상품 또는 상품과 기업을 묶은 형태로 규제를 적용하고 있다. 국가는 A, B, C, D, E로 나눠 Group별로 관리한다. 특히 테러리스트를 지원하는 그룹 E 이란, 북한, 시리아는 중점 관리 대상이다.

국가를 그룹별로 관리하는 것은 이미 오래전부터 있어 왔기 때문에 중국만을 겨냥했다고 해석하기 어렵다. 상품은 상거래 통제 품목Commerce Control List을 통해 관리하며, 주로 군사·무기용으로 사용될 수 있는 분야를 10가지로 분류하고, 이를 세분화하고 있다. 기업은 상무부의 산업안보국이 블랙리스트로 관리한다.

실제 중국에 적용되는 규제는 위의 세 가지 내용에 더해 안보 규제, 기술 규제로 더 세분화하고 있다. 미국이 내세우는 명분은 중국이 글로벌 안보를 해치는 위협 요인이 되고 있다는 것이다. 이런 명분은 많은 국가들이 거부할 수 없는 힘을 갖고 있다. 만약 이를 거부하면 글로벌 안보 논의에서 배제되고 국가의 생존에 위협을 받을 수 있기 때문이다. 그런데 안보는 범위가 넓고 모호한 부분이 많다. 한마디로 귀에 걸면 귀걸이, 코에 걸면 코걸이이다.

기술 규제는 최종 제품의 판매 가격에서 미국 기술의 비중을 0%, 10%, 25%로 나눠 관리한다. 0% Rule은 군사·무기용 Item에 적용, 10% Rule은 그룹 E 국가에 적용, 25% Rule은 거의 대부분의 국가와 Item에 적용한다. 실제 이런 논리가 어떻게 적용되는지 살펴보자.

미국은 자체 제정한 규정과 글로벌 공조를 통한 규정을 통해 중국을 압박하고 있다. 먼저 미국의 자체 규제이다. 미국이 말하는 안보 개념은 군사 무기의 첨단화 및 인권 침해를 포함한다. 특정 제품의 수출에 따라 이 제품이 군사 무기에 사용되거나 인권 침해에 활용되는 것을 막고자 하는 것이다. 과거에는 이런 규정이 중국의 군수 및 방산 기업에 적용했다면 2018년부터 군사 및 방산과 직접 관련이 없는 민간 기업까지 규제하고 있는 것이다.

기술 규제는 미국의 기술이나 이런 기술이 적용된 제품이 중국 기업으로 가는 것을 막고자 한다. 이는 미국의 원천 기술을 카드로 활용하

**미국의 중국 규제 프레임**

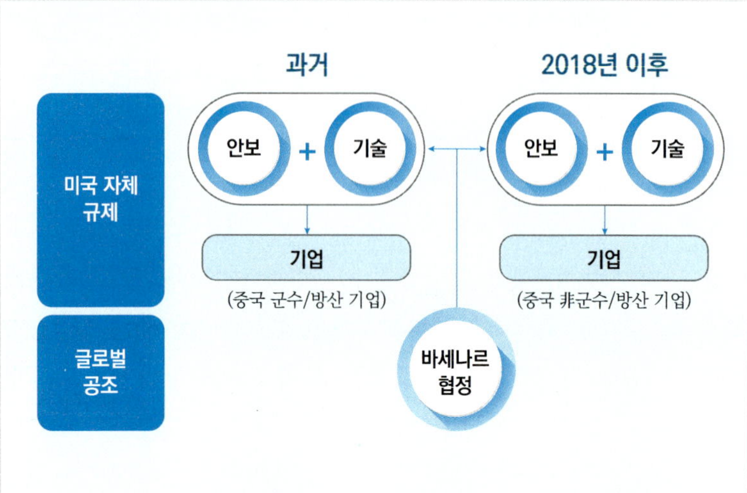


여 중국이 집중하고 있는 분야를 견제하겠다는 것이다. 5G용 반도체와 통신 장비용 반도체가 대상이다. 미국의 규제 가운데 왜 이 기업을 규제하는 지 가장 명확하게 설명할 수 있는 규제이다.

기업규제는 산업안보국이 블랙리스트라는 이름으로 관리하고 있다. 사실 정식 명칭은 Entity List이다. 이외에도 금지된 개인 명단DPL, Denied Persons List, 입증되지 않은 명단UL, Unverified List, 군사용 최종 사용자 명단MEU, Military End User List, 통합 검사 명단CSL, Consolidated Screening List 등이 있다.자세한 내용은 BIS 홈페이지 bis.doc.gov 참조

산업안보국이 나서서 관리하는 블랙리스트를 예로 들어 설명해보자. 이 규정은 제품을 판매하고자 하는 기업은 블랙리스트로 지정된 기업과 거래를 막고 있다. 나아가 제품을 판매하고자 하는 기업이 최종 사용자End User를 확인해야 한다. 예를 들어 중개상을 통해 반도체를 수출할 경우 이 수출 물품이 블랙리스트에 지정된 화웨이Huawei로 가면 수출 기업

도 블랙리스트에 등재된다. 최종 사용자를 제대로 확인하지 않을 경우 모든 거래가 제한되는 치명타를 입을 수 있는 것이다. 블랙리스트 규정은 그렇게 강력하다. 중개상이 아닌 직접 계약할 경우에도 문제가 될 수 있다. 제품이 특정 제품에만 사용되는 것이 아니라 두루두루 사용될 수 있는 범용 제품이라면 최종 사용자를 특정하기 힘들다. A 기업에 판매했더라도 A 기업이 B 기업으로 물건을 되팔 수 있기 때문이다. 판매 기업은 B 기업이 어디인지까지 확인해야 하는 부담을 안게 된다. 확실한 고객이 아니면 거래를 주저할 수 있는 심리적 저항선이 생겼다고 보면 된다.

미국은 중국의 많은 기업들 가운데 왜 하필 화웨이와 SMIC를 메인

**미국의 중국 기업 Entity List 추가 추이(음영은 반도체 기업 직접 관련)**

| | 일 시 | 이 유 | 산 업 | 대표 기업 |
|---|---|---|---|---|
| 1 | 2018.10.30 | 국가 안보 | 반도체 | JHICC(福建省晋華集成電路有限公司) |
| 2 | 2019.5.15 | 국가 안보 | 5G | 화웨이 본사 및 계열사 포함 68개사 |
| 3 | 2019.6.24 | 국가 안보 | 슈퍼컴퓨터 | Sugon, Higon 등 5개사 |
| 4 | 2019.8.14 | 기술 탈취, 국가 안보 | 원자력 발전 | CGN과 그 자회사 등 4개사 |
| 5 | 2019.8.19 | 국가 안보 | 5G, 반도체 | 화웨이 해외 계열사 46개사 |
| 6 | 2019.10.7 | 신장 위구르 인권 | AI | Hikvision, Dahua Tech, iFLYTEK, SenseTime, Megvii 등 28개사 |
| 7 | 2020.5.22 | 신장 위구르 인권 | AI, 로봇, 사이버 보안, 슈퍼컴퓨팅 | Qihoo 360, CloudMinds Inc. 등 24개사 |
| 8 | 2020.7.20 | 신장 위구르 인권 | 바이오, 고속 철도 | Xinjiang Silk Road BGI, Beijing Liuhe BGI, KTK Group 등 11개사 |
| 9 | 2020.8.17 | 국가 안보 | 반도체, 5G | 화웨이 해외 계열사 38개사 |
| 10 | 2020.8.26 | 남중국해 | ICT, 해저 케이블, 건설 | CETC-7, CETC-30, Shanghai Cable Offshore Engineering 등 24개사 |
| 11 | 2020.12.18 | 국가 안보, 인권 | 드론, 반도체, 우주 항공 | DJI, SMIC를 포함한 60개사 |
| 12 | 2021.1.14 | 남중국해 | 에너지 | CNOOC |
| 13 | 2021.4.8 | 국가 안보 | 슈퍼컴퓨팅 반도체 | Tianjin Phytium을 비롯한 슈퍼컴퓨팅 관련 반도체 설계 회사 7개사 |
| 14 | 2021.6.24 | 신장 위구르 인권 | 반도체 및 에너지 | HoShine Silicon Industry 등 5개사 |

자료: 연원호(2021), KIEP

타깃으로 하고 있을까? 실제 2018년부터 중국의 반도체 기업을 제재했는데 화웨이와 SMIC에만 이중 삼중의 규제가 적용되고 있다. 이들 이외 규모가 작은 기업에 대한 제재가 계속되겠지만 결국 화웨이, SMIC만큼의 파급 효과를 가지기는 어려울 것이다. 상징성과 파급력 차원에서 말이다.

## 큰 물고기부터 잡겠다

미국이 화웨이, SMIC를 겨냥한 명백한 이유가 있다. 단순히 이 기업들만 미워해서가 아니라 이들 기업을 때리는 노림수가 분명히 있다는 말이다.

첫째, 큰 놈만 잡자. 화웨이는 중국 기술 굴기를 상징하는 대표적인 기업이다. 글로벌 5G 장비·휴대폰 시장에서 1위를 했거나 1위를 넘나들고 있다. 미국의 눈에는 가시 같은 존재다. 중국 팹리스반도체 설계업체 1위 업체인 하이실리콘Hisilicon을 자회사로 두고 있어 확장성마저 높다. SMIC는 중국 1위 파운드리위탁 생산 업체이다. 중국에서 가장 앞선 14nm 생산까지 기술이 올라왔다. 인텔이 가진 최첨단 공정 기술이 10nm 수준에 있어 인텔을 위협할 가장 큰 도전자로 부상했다. 반도체 설계와 생산을 담당하는 큰 물고기 두 마리만 잡으면 일단 시간을 벌 수 있다는 계산이다.

둘째, 관련 산업의 길목을 차단하자. 화웨이, SMIC는 중국의 군산 복합체와 AI 등으로 연결되는 핵심 고리 역할을 한다. 화웨이의 팹리스, SMIC의 파운드리를 잡을 수 있으면 군산 복합체이든 인공 지능이든 중국의 질주를 제어할 수 있다고 보는 것이다. 실제로 중국의 군산 복합체 가운데 규모가 큰 기업들은 미국의 블랙리스트에 등재돼 있어 해외에서

## 미국의 블랙리스트 적용 사례

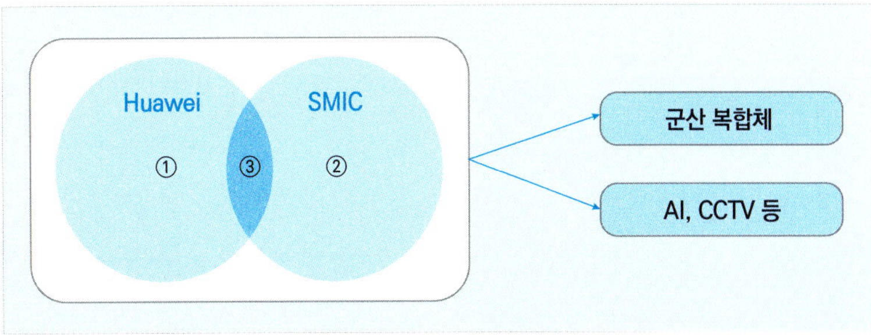


제품 구매의 길이 사실상 막혀 있다. 화웨이의 설계 능력과 SMIC의 생산 능력의 결합을 막을 수 있으면 중국의 반도체 문제는 당분간 걱정하지 않아도 된다는 생각이다.

미국이 중국을 제재할 때 들이댄 명분은 나름대로 근거를 가지고 있고 목표도 명확하다. 중국에 대한 규제는 말폭탄 차원이 아니라 실제 공무원이 집행하는 단계에 들어서 있다. 그렇다면 화웨이, SMIC 수출을 막은 근거는 무엇인가? 화웨이의 5G 장비와 핸드폰에 사용되는 반도체 수출을 제한받고 있다.그림 ①번 2019년 5월 화웨이가 블랙리스트로 지정되자마자 구글, 퀄컴 등 기업들이 화웨이와 거래 중단을 선언했다. 이어 2020년 5월에는 TSMC가 화웨이의 반도체 위탁 생산을 중단하겠다고 발표했다. SMIC에는 10nm 이하의 미세 공정에 필수적인 EUV극자외선, Extreme ultraviolet, 웨이퍼 위에 빛을 쬐어 반도체 회로를 만드는 설비 수출을 금지했다.그림 ②번 단 EUV보다 한 단계 기술 수준이 낮은 것으로 평가되는 DUV심자외선, Deep Ultraviolet 수출만 허용했다. 이로써 SMIC는 10nm 이하의 첨단 공정으로 직진하는 데 어려움에 처해 있다.

모호하고 해석의 여지가 많은 안보 문제도 적용했다.그림 ③번 화웨이가 생산한 제품이 군사용으로 전용되거나 중국인의 인권을 침해하는 제품에 사용될 수 있다는 논리다. SMIC도 마찬가지로 생산한 제품이 군사용이나 인권 침해에 사용될 수 있다는 것이다.

중국을 잡기 위해서 위에 언급된 미국의 자체 규정뿐만 아니라 국제 협약을 통한 글로벌 공조도 빼놓을 수 없다. EUV 수출 규제가 대표적 사례이다. 2019년 12월 '바세나르 협정'에 가입된 42개 회원국이 네덜란드의 바세나르 지역에 모였다. 회원국 전체가 참석하는 총회에서 이중용도Dual-use 수출 제한 품목에 EUV를 추가하는 결정을 내렸다. 아주 이례적인 일이다. 미국이 글로벌 동맹국을 규합해 활용한 첫 구체적 사례이다.

바세나르 협정의 총회 결의 사항을 근거로 미국은 2020년 10월 연방관보Federal Register에 EUV 수출을 제한한다는 내용을 게재했다. 이에 따라 EUV 생산을 독점하고 있는 네덜란드 ASML은 중국에 대한 EUV 수출을 못하게 됐다. 사실 바세나르 협정은 협정 가입 국가가 총회의 결

### 화웨이, SMIC 제재 Timetable

| | '18.8 | '18.12 | '19.5~8 | '20.5~8 | '20.10~12 | '21.6 |
|---|---|---|---|---|---|---|
| 미국의 규제 근거 | • 새 NDAA 발효<br>– ECRA, FIRRMA, 수입 규제 | | | | • 바세나르 협정에 따른 ERA 규정 개정<br>(EUV 수출 금지) | • IEEPA |
| 제재 이유 | • 통신 장비 Back Door 설치 | • 이란과 거래 금지 위반 | • 통신 장비 Back Door 설치 | • 반도체 기술의 군사 전용 | • 반도체 기술의 군사 전용 | • 군산 복합체와 연관 |
| 제재 대상 | • 화웨이<br>(수입 금지) | • 화웨이 멍완주 부회장 기소 | • 화웨이 본사와 자회사 114개 블랙 리스트 등재<br>(수출 금지) | • 화웨이 자회사 38개 블랙 리스트 추가<br>(수출 금지) | • SMIC를 블랙 리스트 추가<br>(수출 금지) | • 화웨이, SMIC를 블랙 리스트 추가<br>(투자 금지) |
| 해외 기업의 Action | | | • 구글, 인텔, ARM 등 화웨이와 거래 중단 | • TSMC, 화웨이와 반도체 거래 중단 | • ASML, SMIC에 EUV 수출 중단 | |

### 화웨이 스마트폰 반도체 공급망

| 구 분 | 메이트10프로 | P20 프로 | 메이트20프로 | P30프로 |
|---|---|---|---|---|
| NAND | 도시바 | 삼성 | 도시바 | 마이크론 |
| DRAM | 삼성 | 마이크론 | 하이닉스 | 하이닉스 |
| AP | 하이실리콘 | 하이실리콘 | 하이실리콘 | 하이실리콘 |
| 전력칩 | 하이실리콘<br>TI | 하이실리콘<br>TI | 하이실리콘 | 하이실리콘 |
| CIS 칩 | 소니<br>옴니비전 | 소니<br>옴니비전 | 소니<br>옴니비전 | 소니<br>옴니비전 |
| 주파수 칩 | 스카이웍스<br>하이실리콘<br>NXP | 스카이웍스<br>하이실리콘<br>NXP | 스카이웍스<br>하이실리콘<br>NXP | 스카이웍스<br>하이실리콘<br>NXP |
| Wifi 칩 | 브로드컴 | 브로드컴 | 사이프러스 | 하이실리콘 |
| 무선 충전 | - | - | IDT | IDT |
| 지문 인식 | 구딕스 | 구딕스 | 구딕스 | 구딕스 |
| OLED | 삼성 | 삼성 | BOE<br>LGD | BOE<br>LGD |

자료: 김성옥(2019), KISDI

의 사항에 대해 강제로 이행할 의무가 없다. 총회에서 의결된 사항은 말 그대로 권고이고, 각 국가에서 법제화하지 않아도 되는 것이다. 미국의 직간접적 압박이 아니면 설명하기 어려운 부분이다.

제재의 효과는 이미 가시화되고 있다. 화웨이는 5G 핸드폰에 필요한 반도체를 구입하지 못해 4G 제품만 만들고 있으며, 핸드폰 사업 자체를 접어야 하는 상황에 직면하고 있다. 화웨이의 제재 여파는 화웨이에 반도체를 공급하던 회사들에까지 영향을 주고 있다.

한때 글로벌 반도체 Top 10에 진입했던 하이실리콘Hisilicon, 화웨이의 자회사은 현재 그 존재감이 거의 없어지고 있다. 미국의 제재를 받을 경우 한 기업의 운명이 천당에서 지옥으로 떨어질 수 있음을 보여준 대표적인 사례이다. 하이실리콘의 개발 인력은 이미 중국 내 다른 팹리스 기업으로 옮겨가고 있다는 소문이 무성하다. 이런 기술 인력을 흡수하는 회사

### 세계 Top 10 반도체 기업(2023년)

| 2023 순위 | 2022 순위 | 업 체 | 2023 매출(억 달러) | 2023 시장 점유율(%) | 연간 성장률(%) |
|---|---|---|---|---|---|
| 1 | 2 | Intel | 487 | 9.1 | -16.7 |
| 2 | 1 | Samsung | 399 | 7.5 | -37.5 |
| 3 | 3 | Qualcomm | 290 | 5.4 | -16.6 |
| 4 | 6 | Broadcom | 256 | 4.8 | 7.2 |
| 5 | 12 | NVIDIA | 239 | 4.5 | 56.4 |
| 6 | 4 | SK Hynix | 228 | 4.3 | -32.1 |
| 7 | 7 | AMD | 223 | 4.2 | -5.6 |
| 8 | 11 | STMicro | 171 | 3.2 | 7.7 |
| 9 | 9 | Apple | 171 | 3.2 | -5.8 |
| 10 | 8 | Texas Instruments | 165 | 3.1 | -12.2 |
| Others(outside Top 10) | | | 2,689 | 50.7 | -8.8 |
| Total Market | | | 5,330 | 100 | -11.1 |

자료: Gartner(2024)

가 미국의 다음 공격 목표가 될 수 있다.

SMIC는 미세 공정 14nm에서 발목이 잡혀 있다. 앞으로 반도체는 소형화, 집적화의 특징을 보이며 많은 디지털 기기에 사용되는 추세로 나가고 있다. 현재의 미세 공정 기술에서 EUV가 없는 최첨단 공정은 거의 불가능한 것으로 알려져 있다. EUV는 실리콘 웨이퍼 위에 그림을 그리듯 회로를 그리는 장비이다. 따라서 EUV 없는 첨단 반도체는 상상하기 힘든 시나리오다. SMIC는 곧바로 10nm로 갈 수 있는 길을 잃고 있다. 물론 방법이 전혀 없는 것은 아니다. 문제는 시간이다. SMIC의 10nm 돌파 여부가 미중 반도체 분쟁을 바라보는 하나의 바로미터가 될 수 있는 것이다.

사실 미국의 중국 규제는 트럼프 행정부에서 시작했고 바이든 행정부에 그대로 이어져 오고 있다. 트럼프 정부가 중국 때리기에 올인했다

### 주요 기업별 반도체 제조 기술 현황 : 2014~2024

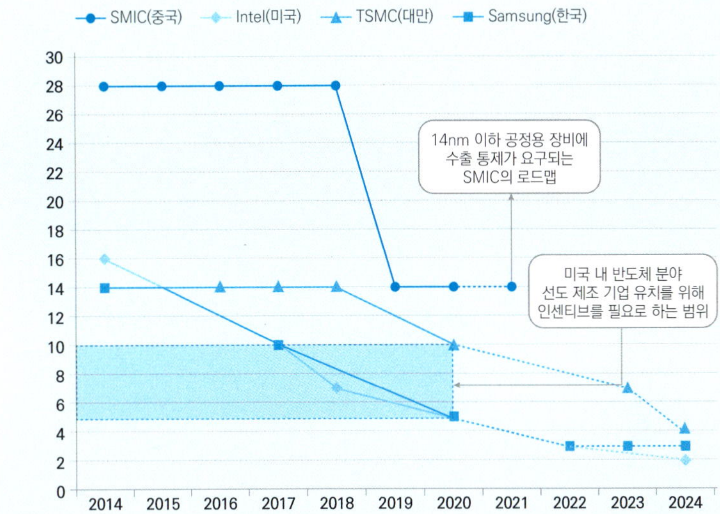


자료: 최수아(2021), 전략물자관리원

면 바이든 행정부는 미국의 반도체 산업 육성에 온 힘을 쏟고 있는 모양새다.

미국의 큰 그림 2

# 미국에 첨단 반도체 공장이 필요해요

"반도체를 포함해 공급망의 안정에 중요한
4개 업종에 대해 100일간 조사하라"

2021년 2월 24일 바이든 대통령은 평소의 온화한 스타일은 온데간데 없이 강도 높은 톤으로 카메라 앞에 섰다. 공급망 안정화 차원에서 100일 동안 미국이 처한 현실을 낱낱이 조사하고, 그 결과에 대해 많은 사람들의 이해를 구하자는 것이다. 미국이 자신의 치부까지 드러내겠다는 선언에 전 세계는 한순간 긴장했다. 그렇게 바이든의 선언은 태풍급으로 발전하며 전 세계의 모든 이슈를 삼키는 폭발력을 가지고 있었다. 그 100일 동안 마음 편히 보낸 국가나 기업은 없을 정도였다.

2월의 미국의 공급망 안전 점검 행정 명령 이후 6월 4일 그 결과물이 발표됐다. 단순하게 요약하면 대형 팹이 많이 필요하고, 반도체 소재의 R&D를 위해 노력하겠다는 것이다. 이를 통해 미국 내 자급자족이 가능

바이든 대통령의 절박함

바이든 대통령은 이례적으로 2021년 2월 반도체 관련 글로벌 기업들을 모아 놓고 회의를 개최했다. 그는 평소의 온화한 태도는 온데간데없이 단호한 태도로 반도체의 중요성의 강조하고 있다. 들고 있는 반도체는 8인치 웨이퍼이며 자동차용 반도체의 Shortage를 강조하고 있다.

한 자기 완결적 가치 사슬Full Value Chain을 만들겠다는 것이다. 그러나 가장 취약하게 거론되는 첨단 대형 팹은 외국 기업의 도움 없이는 불가능하다. 미국에서 가장 앞선 기술에 있는 인텔도 10nm 장벽에 막혀 있다. 최첨단 공정의 기준으로 취급되는 10nm 이하 기술을 가진 미국 기업이 없는 것이다. 결국, 미국에는 최첨단 반도체를 생산할 수 있는 공장이 없다는 뼈아픈 진실을 다시 확인하게 된다.

사실 미국의 반도체 공급망이 취약해진 것은 미국이 방조한 측면이 강하다. 미국은 고부가 가치로 평가되는 팹리스와 반도체 장비에 집중했다. 반면 투자 부담이 크고 상대적으로 수익성이 낮은 것으로 평가되던 팹 투자에는 주저했다. 실제로 5nm급 공장 증설에 최소한 120억 달러가 필요한 것으로 알려졌다. 그 결과 반도체 생산의 64%가 한국, 중국, 일본, 대만 등 동아시아로 집중하게 됐다. 지금 미국은 이 문제를 심각하게 보면서 지정학적으로 위험한 지역으로 판단되는 생산 시설의 동아시아 집중을 우려하고 있다.

명분은 코로나19가 제공했다. 코로나가 심화되고 글로벌 공급망이 불안해지면서 차량을 중심으로 미국 내 반도체 공급망에 불안이 나타났다. 반도체가 없어 자동차 생산을 못 하는 상황이 생긴 것이다. 미국의 진단은 수요에 버금가는 생산 공장이 미국에 없기 때문에 발생했다는 것이다.

미국에 충분한 생산 시설을 갖추기 위해 520억 달러를 들고 나왔다.

### 미국의 반도체 공급망 요소별 자체 진단

| 공급망 구분 | 현안 및 진단 |
|---|---|
| 디자인<br>Design | • 종합 반도체(IDM, Integrated Device Manufacturer) 및 팹리스 기업을 중심으로 경쟁력 수준이 높다고 평가<br>• 설계 지식 재산(IP), 소프트웨어(EDA) 부문은 선도하고 있다고 평가<br>• 다만, 중국에 대한 높은 매출 의존도와 외국인 인재에 대한 의존은 위협 요인으로 인식 |
| 제조<br>Fabrication | • **가장 취약한 섹터로 진단**<br>• 미국 내 반도체 제조 기반이 총체적 열세라고 판단<br>• 첨단 반도체(Leading Edge Logic Chips)는 대만·한국, 저(低)기술 반도체(Mature Node Chips)는 중국에 의존하고 있는 형국<br>• 제조 기반 부재로 인해 ATP, 소재, 장비 등 반도체 제조와 밀접하게 연관된 부문이 제조 과정에서 기술·지식을 축적할 수 있는 기회를 상실한다고 진단 |
| 후공정<br>ATP and Advanced Packaging | • **취약 섹터로 진단**<br>• 중국이 대규모 투자와 단가 조정으로 시장을 왜곡하고 있다고 평가<br>• 패키징을 위한 핵심 중간재인 인쇄 회로 기판의 미국 내 제조 기반이 매우 취약하다고 진단<br>• 내수(국방)로는 국내 ATP 분야의 발전 및 유지가 어렵다고 평가 |
| 소재<br>Materials | • **취약 섹터로 진단**<br>• 초고순도 폴리실리콘, 웨이퍼, 포토마스크, 포토레지스트 등 핵심 소재 경쟁력이 일본 및 유럽에 비해 취약한 것으로 인식<br>• 다만, 가스 및 습식 화학 소재(Wet Chemicals)에 대한 미국의 경쟁력은 높은 편으로 평가 |
| 제조 장비<br>Manufacturing Equipment | • 전(前)공정 제조 장비 경쟁력은 우수<br>• 다만, 첨단 노광(Lithography) 장비는 네덜란드 및 일본에 의존<br>• 미국 장비 업체들의 아시아(대만, 한국, 중국 등)에 대한 매출 의존도는 문제로 지적 |

자료: 이준, 경희권, 이성경, 이고은(2021), KIET

이는 미국의 산업 정책 역사상 유례를 찾아보기 힘든 내용이다. 시장 경제 체제인 국가에서 특정 산업을 육성하기 위해 정부가 나서서 이렇게 많은 금액을 일시에 쏟아붓겠다는 것이다. 한마디로 반도체 국가주의 Semiconductor Nationalism 선언이다. 반도체 육성을 위한 국가 주도 성장, 우리에게 익숙한 이 단어가 미국에서 나오니 왠지 낯설다. 그만큼 절실한 것이 아닐까 싶다.

## 미국 반도체는 동맹국과 함께한다

반도체 육성에서 동맹국과 협력도 많이 언급되고 있다. 거두절미하고 미국에 투자하라, 앞으로 중국은 쳐다보지도 말고 미국에 줄을 서라, 동맹국들에게 미국발 열차에 탑승하라는 신호를 적극적으로 보내고 있다. 출발은 알렸는데 열차는 어디로 향해 가고, 그 티켓의 가격이 얼마인지 아무도 모르는 상황이다. 미국의 신호에 호응하면 어떤 혜택이 있는지 명확하지도 않다. 또한 모든 나라가 반도체를 겨냥한 육성 정책을 쏟아내고 있는 상황에서 동맹국들이 미국의 행보와 어떻게 보조를 맞출지 계산할 시간도 없다.

그렇다면 미국은 이런 상황을 어떻게 관리하려 하나? 사안별로 협력을 원하는 국가와 기업을 나눌 가능성이 높을 것으로 생각해볼 수 있다. 이미 그 내용이 하나씩 구체화되고 있다. 한국과 대만의 첨단 공장 유치, 일본과는 첨단 소재 협력이 현실화되고 있다.

미국이 현재 반도체 육성을 위한 노력을 얼마 동안 지속할 수 있을까? 정확히 추정하기는 어렵지만 반도체 산업이 미국에서 어떤 위상을 갖고 있는지 보면 간접적으로 추정할 수 있을 것이다. 2020년 기준 반도체 산업은 직간접적으로 185만 개의 일자리를 창출하고, GDP의 2,464억 달러를 창출했다. 만약 500억 달러의 정부 인센티브가 집행되면 향후 5년간 1,477억 달러의 부가가치를 창출하고 1,100만 개의 일자리를 창출하게 될 것으로 보인다. 이 정도 영향력과 규모를 가지고 있는 산업 분야라면 쉽사리 포기하기보다는 더 잘하려고 노력할 것이라는 확신이 든다.

**미국 경제에서 반도체의 위상**

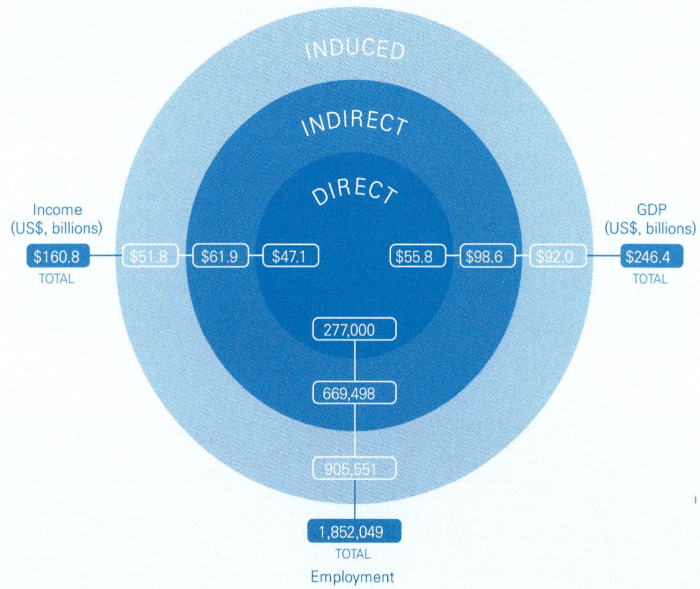


자료: 미국반도체 협회, Oxford Economics(2021)

# 중국이 생각하는 반도체

"트럼프가 진짜 우리를 치겠다는데
우리도 가만히 있을 수 없는 것 아닌가?"

미국이 중국의 기술 굴기를 막겠다고 작정하고 나선 2018년 8월 중순, 트럼프 대통령이 중국의 기술 견제를 위해 새로운 국방수권법을 통과시킨 시점이다. 중국의 수뇌부가 업무를 보는 중남해의 회인당懷仁堂, 중국의 '경제 차르' 류허Liu He, 刘鹤 부총리는 심각한 표정으로 주위를 둘러본다. 분위기는 무거웠고 모두 그 무게에 눌려 어색한 공기가 주변을 감돌고 있었다.

긴 침묵을 깨고 누가 먼저랄 것도 없이 이구동성으로 우리가 잘하는 방법으로 하자는 결론이 났다. 그 방법은 중국에 너무나 익숙한 Matrix 조직을 만들어 대응하는 것이다. 2018년 9월 7일 '국가 과학 기술 체제 개혁 및 혁신 시스템 구축 TF'国家科技体制改革和创新体系建设领导小组는 그렇게 새로운 모습을 드러냈다. 미국에 맞서는 범정부 차원의 Tech TF의 수장은 당연히 류허 부총리 몫이 됐다. 이후 전 세계 언론이 류허 부총리의 일거수 일투족을 주목한 것은 불문가지이다.

미국의 날선 공격으로 중국의 마음이 급해졌다. 2015년 '중국 제조 2025'를 통해 중국은 반도체에 올인했다. 중국의 반도체 자급률 2025년 70%라는 원대한 꿈도 함께 제시됐다. 이런 꿈도 미국의 급소를 찌르는 공격에 움찔했다. 이런 원대한 꿈은 이미 실현 가능성이 없는 것으로 판명이 났지만 반도체를 위한 여정은 현재 진행형이다.

설마하던 화웨이에 대한 미국 제제가 시작된 2019년 5월 중국은 사색이 되었다. 이를 예견이라도 한 듯 시진핑 주석은 2018년 6월 일찌감치 '반도체 국산화'에 쐐기를 박았다. '반도체 심장론'은 이렇게 나왔다. 최고 지도자의 한마디에 중국은 일사불란하게 움직인다. 정부가 시장을 만들고, 시장을 키우는 중국 특유의 국가 주도 반도체 육성은 이렇게 새로운 얼굴을 가지고 나타났다.

중국의 큰 그림 1

## 미국 규제의 틈새를 공략하라

미국이 중국 기업과 거래를 틀어막는 정책을 잇따라 내놓았다. 그렇다고 여기에서 포기할 중국이 아니다. 세상에 모든 것을 못 하게 하는 완벽한 규제는 없다. 그 틈새를 찾아보자. 중국은 미국보다 규제가 느슨한 유럽으로 눈을 돌린다.

네덜란드에는 반도체 첨단 공정의 핵심 장비를 생산하는 ASML이 있다. 이야기는 2018년으로 거슬러 올라간다. ASML은 중국 1위 파운드리 업체인 SMIC와 EUV 수출 계약을 체결했다. 그런데 문제가 생겼다. EUV 장비는 대당 2,000억 원의 값비싼 장비인데 ASML은 연간 30~40대 정도 생산하는 것으로 알려졌다. 많은 반도체 생산 기업들이 첨단 미세 공정을 적용한 공장을 본격적으로 건설하면서 EUV는 전형적인 수요 초과 상태이다. 이런 상황에서 SMIC에 납품 준비를 하던 차에 바세나르 협정에서 2019년 12월 EUV의 중국 수출을 금지하는 내용을 발표하고, 미국은 2020년 10월 수출 금지 품목에 EUV를 추가했다. 설상가상으로 2020년 12월 SMIC는 미국의 블랙리스트에 올랐다. EUV 수출 금지와 SMIC와 거래 제한으로 ASML과 SMIC의 계약은 파기 직전에 놓였다.

미국, 중국, 네덜란드 정부가 EUV 수출 관련 논쟁을 벌이고 있을 때 의외로 미국에서 돌파구가 열렸다. 10nm 이하의 첨단 미세 공정 장비가 아니라면 블랙리스트라도 수출이 가능하다는 것이다. 그럼 DUV는 된다는 이야기다. 그렇게 EUV를 대신하여 DUV의 중국행 선박의 뱃고동이 울렸다.

중국은 반도체의 '반' 자만 들어가도 눈독을 들이고 있었다. 따라갈 수 없으면 사버리자는 생각이었다. 미국에서는 외국인 투자에 대한 심사가 강화되면서 투자에 많은 좌절을 겪었다. 그렇다면 규제가 느슨한 유럽에서 똘똘한 놈을 찾는 것이 급선무였다. 중국의 유럽 기업 사냥은 그렇게 시작됐다.

스마트폰 ODM 업체인 Wingtech聞泰科技, 상하이증시 상장 회사가 이 틈새를 노리고 먼저 발빠르게 움직인다. Wingtech는 영국 최대 파운드리 회사인 Newport 인수를 선언했다. 인수의 주체는 Wingtech가 2018년 인수한 네덜란드의 Nexperia이전 NXP의 자회사이다. Newport는 2017년 영국 웨일스 정부의 대출금 1,300만 파운드에 대한 부채 상환 부담에 어려움을 겪고 있었다. 중국의 반도체 확보와 경영 악화 기업의 Exit 수요가 맞물린 대표적 사례이다. 그러나 영국 정부는 Newport가 영국 정부의 군사용 반도체를 공급하고 있다는 안보 이슈를 내세워 문제를 제기하고 있어 거래는 사실상 무산됐다.

한편, 중국은 중국 내 실적이 안 좋은 기업은 다 바꾸겠다는 입장이다. 한마디로 '정부에만 기대지 말고 기술력을 쌓아야 한다'는 신호를 보내고 있다. 중국의 반도체 굴기를 상징하던 칭화유니Tsinghua Uni 그룹은 새로운 정책의 시범 케이스가 되며 부도 처리됐다. 그러나 중국은 칭화유니가 아니더라도 반도체는 꼭 필요하다. 칭화유니 산하에는 YMTC메모리의 NAND 생산, XMC파운드리, UNISOC팹리스가 있다. 칭화유니 그룹은 DRAM

을 제외한 모든 영역에서 포트폴리오를 가지고 있다. 중국에서 기술 혁신을 상징하는 알리바바 같은 기업들이 이 회사를 인수하기 위해 뛰어든 배경이다. 의외의 회사가 칭화유니를 차지했다. 그것도 산업 자본 이 아니라 투자를 주로 하는 금융 자본이 말이다. Wise Road Capital智路資本과 JAC Capital建廣資産이 그 주인공이다. 각각 2016년, 2014년에 설립된 투자 회사가 230억 달러의 부채를 가진 회사를 인수한 것이다. '보이지 않는 손' 중국 정부가 움직였다는 소문이 무성하다. 인수 회사는 향후 생산 회사YMTC, XMC는 분사하고, 설계 회사UNISOC 위주로 투자할 계획으로 알려졌다.

칭화유니 사태는 중국이 반도체 육성에 새롭게 접근함을 의미한다. 지원은 하겠지만 실적도 철저히 따지겠다는 것이다. 실적이 안 좋으면 CEO도 가차 없이 갈아 치우겠다는 의미다. 그러므로 앞으로 중국의 반도체 기업들이 정신을 바짝 차리고 새로운 모습으로 나타날 가능성이 높아졌다. 중국이 육성하던 전기차 배터리 업체 가운데 실적이 좋지 않던 많은 기업이 2018년부터 대거 구조 조정도 단행하지 않았던가. 중국은 그렇게 직진이 안 되면 우회하는 식으로 하나씩 하나씩 경험을 쌓아가고 있다.

## 미국이 하면 중국도 한다

미국의 규제에 대해 중국도 맞불을 놓고 있다. 미국 따라하기로 말이다. 미국이 2018년부터 대중국 규제를 시작하고 2년 남짓 시차를 두고 중국에서 비슷한 법안들이 속속 만들어졌다. 수출을 제한하기 위하여 '수출 금지·제한 기술 목록'2020. 8, '수출 통제법'2020.10을 잇따라 발표했

### 중국의 반도체 규제 관련 법 정비

| 일 시 | 법률 규정 | 주요 내용 |
|---|---|---|
| 2020. 8. 28. | 「수출 금지·제한기술목록(中国禁止出口限制出口技术目录)」 조정 | • 23개 첨단 기술 분야를 추가하여 수출 제한·금지 항목이 164개로 증가 |
| 2020. 9. 19. | 「신뢰할 수 없는 기업 리스트 규정(不可靠实体清单规定)」 발표 | • 등재 기준 및 제재 수단을 명시: 1) 중국의 국가 주권, 안보 및 개발 이익을 침해 2) 시장 거래의 원칙을 위반하거나 중국의 기업 또는 개인에 대한 차별적 조치를 취하여 합법적인 권익을 심각하게 훼손하는 행위 |
| 2020. 10. 17. | 「수출통제법(中华人民共和国出口管制法)」 채택 | • 미국 ECRA와 유사, 12월 1일 발효 |
| 2021. 1. 9. | 「외국법의 부당한 역외 적용을 막기 위한 조치(阻断外国法律与措施不当域外适用办法)」 공표 및 발효 | • 부당한 외국법을 따르는 제3국 기업들에 손해배상 청구 가능(인민법원)<br>• 피해를 본 중국 기업들에 정부의 지원도 가능해짐 |
| 2021. 1. 18. | 「외국인 투자안전심사법(外商投资安全审查办法)」 발효 | • 중국 전역에 적용 가능한 신형 외자 관리 시스템 도입<br>• 중국 국가 안보에 영향을 주는 투자에 대한 사전 심사 |
| 2021. 6. 10. | 「반 외국제재법(反外国制裁法)」 발효 | • 외국이 자국 법률에 근거해 국제법과 국제 관계 준칙을 위반하여 중국의 국민이나 기업에 차별적인 조치를 취할 경우, 중국은 직간접적으로 해당 조치의 결정이나 이행에 참여한 외국의 개인 및 조직을 블랙리스트(보복 행위 명단)에 추가 |

자료: 연원호(2021), 법무법인(유) 광장, 한국반도체산업협회 공동세미나

다. 외국 기업의 투자에 제한을 가하기 위한 '외국인 투자안전심사법'도 2021년 1월 통과시켰다. 중국판 블랙리스트인 '신뢰할 수 없는 기업 리스트'UEL, Unreliable Entity List도 발표했다. 특히 미국의 제재를 이행하는 기업에 보복 조치를 내릴 수 있는 '외국법의 부당한 역외 적용을 막기 위한 조치'와 '反외국제재법'은 중국 기업과 거래에서 특히 유의해야 할 것으로 보인다.

다만 위에 언급된 규제 내용이 법으로만 만들어져 있고 아직까지는 적용하지 않은 것으로 알려졌다. 이는 외국 기업의 중국 투자를 굳이 막

을 필요가 없다는 현실적인 인식의 결과로 보인다. 그러나 최악의 경우, 엄포가 아니라 현실화될 가능성도 배제하기 어렵다.

결국 미중 반도체 전쟁은 싸우면서 배우고 있다. 미국은 중국의 보조금에 대해 WTO 제소 등을 압박했는데 미국마저 중국식 보조금 살포를 따라하고 있다. 반면 중국은 미국의 제재 내용을 그대로 가져와 수출·투자에 대한 강제 규정을 마련하고 있다. 세상에 영원한 천사와 악마는 없다는 것을 방증한다.

중국의 큰 그림 2

# 모이가 많으면 새가 날아든다

중국의 반도체를 육성하기 위한 정책은 일반인의 상상을 뛰어넘을 정도의 과감성이 있다. 많은 정책 가운데 2015년 시작된 '중국 제조 2025'가 핵심이다. 이 내용을 자세히 보면 중국이 가고자 하는 길이 보인다. 나머지 정책들은 중국 제조 2025에서 제시된 내용을 달성하기 위한 합법적인 수단을 제시하고 있다. 세제와 투융자 지원도 포함해서 말이다.

'중국 제조 2025'에서는 '차세대 정보 기술 산업' 항목에서 구체적인 반도체 육성 분야를 제시하고 있다. 설계Core IP, EDA, 후공정3D 패키징, OSAT, 장비가 그것이다. 반도체 가치 사슬의 모든 과정에 뛰어들겠다는 선언으로 해석된다.

생산 기술과 관련해서는 '13차 5개년 과학 기술 혁신 계획'에서 자세히 설명하고 있다. 13차 5개년 계획은 2016년부터 2020년까지 5년을 의미한다. 14nm Logic Chip 생산, 14~28nm의 장비, 소재, 패키징 기술 개발 등이 대표적으로 언급된 분야이다.

가장 눈여겨 볼 만한 것은 중국 특유의 보조금 살포 정책이다. 2014

### 중국의 반도체 산업 육성 관련 정책

| 발표 시기 | 정책 명칭 | 주요 내용 |
|---|---|---|
| 2014. 6. | 국가 집적 회로 산업 발전 촉진 강요 | 반도체 산업의 40%를 차지하는 설계업의 발전을 적극 추진하고 반도체 제조업의 가속화된 발전을 시행. 패키징, 테스트 업계의 발전 수준을 제고하고 반도체 관련 시행. 설비와 재료의 업그레이드를 추진 |
| 2015. 5. | 중국 제조 2025 | 핵심 기초 부품(부속품), 선진 기초 공예, 기초 재료 등의 발전 방향 모색. 반도체 및 전용 설비를 중점 발전 대상으로 지정하여 반도체 설계 수준의 제고를 추진. 전자 기기 산업 발전의 핵심 통용 메모리칩을 연구하고 국가 반도체 칩의 적용 능력 배양 |
| 2016. 3. | 국민 경제 사회 발전 13.5 규획 강요 | 연구 개발을 통한 반도체의 선진화 및 산업화 추진, 신성장 동력 마련을 위한 반도체 조명 등 적용 기술 강화 |
| 2016. 7. | 국가 정보화 발전 전략 강요 | 선진 기술 시스템 건설 및 기초 연구 강화, 산업 생태계 협동 발전과 우수 기업 육성, 중소기업 창신 지원 및 정보 자원 규획 강화, 정보 자원 이용 수준 제고 |
| 2016. 12. | 13.5 국가 전략성 신흥 산업 발전 규획 | 기술 핵심 산업 강화와 핵심 기초 소프트웨어 공급 능력 제고, 전자 기기 부속품의 업그레이드 시도, 마이크로 광전자 영역 연구 개발 등 |
| 2017. 1. | 전략성 신흥 산업 중점 상품과 서비스 지도 목록 | 반도체, 실리콘 재료 및 화합물 반도체 재료 등을 신흥 사업 중점 사업으로 지정 |
| 2018. 3. | 집성 회로 생산 기업 기업 소득세 정책 문제 통지 관련 | 2018년 1월 1일 이후 신설된 130나노보다 작은 반도체 기업, 또는 경영 기간 10년 이상의 집적 회로 생산 기업 혹은 프로젝트 경우 1~2년의 기업 소득세 면제와 3~5년의 25% 법정 세율의 반감(50%) 시행 등 |
| 2018. 11. | 전략성 신흥 산업 분류 2018 | 반도체 제조를 전략성 신흥 산업으로 편입 |
| 2019. 5. | 집적 회로 설계 및 소프트웨어 산업 기업 소득세 정책의 공고 | 조건에 부합해 법에 근거해 설립된 집적회로 설계 기업과 소프트웨어 기업은 2018년 12월 31일 현재 이익 연도를 기준으로 계산해 우대 기간 설정, 1~2년의 기업 소득세 면제와 더불어 3~5년의 25% 법정 세율 반감(50%) 시행 등 |
| 2020. 8. | 신시대 집적 회로 산업과 소프트웨어 산업의 질적 발전 촉진 정책 | 처음으로 명확히 중국 본토의 반도체 재료와 설비 산업의 발전을 격려한다고 언급, 재정 세무, 투자 융자 등 소프트웨어 산업의 발전과 반도체 재료 기업의 경영 환경 개선 및 반도체 재료 산업의 빠른 발전을 촉진하기 위한 정책 |

자료: Kotra, SK증권(2021)

년 반도체 전용 펀드인 '중국 IC 투자 산업 펀드'CICIIF, China Integrated Circuit Investment Industry Fund가 만들어졌다. 미국이 2022년 520억 달러의 보조금을 결정하는 데 직접적인 영향을 준 펀드이다. 1기 펀드는 2014년부터 2018년까지 200억 달러가 투자됐으며, 2019년에 조성되기 시작한 2기 펀드는 현재까지 300억 달러가 투자된 것으로 알려졌다. 정부가 직접 지원하는 것이 아니라 투자 회사를 설립하여 운영한다. 이는 정부의 직접 보조금 지급을 엄격히 금하고 있는 WTO 규정을 피해가는 방법이기도 하다. 지분을 확보하는 방식으로 투자하면서 투자 성과도 공유하겠다는 의미이다

이 펀드의 대표인 Ding Wenwu정문무, 丁文武의 표현이 중국이 가고자 하는 길을 잘 설명하고 있다. 그는 2기 펀드 조성을 앞둔 2019년 기자회견을 자청했다. "1기 펀드는 주로 제조 시설에 초점을 뒀다. 2기 펀드는 디자인, 장비, 소재에 대한 비중을 높일 것이다. 중국의 전기 전자 기업들에게 국내 칩 구매를 독려하면 시장 수요는 자연스레 만들어질 것이다."

### 중국의 13차 5개년 계획 vs. 14차 5개년 계획에 나타난 반도체 육성 목표

| 발표 연도 | 5개년 계획 | 목표 및 강조 분야 | 계획 추진 결과 |
|---|---|---|---|
| 2016 | 13차 5개년 계획<br>(중국 제조 2025) | • 반도체 설계<br>• 제조(14nm 로직)<br>• 패키징 산업<br>• 제조 장비(성숙 노드) | • 설계: 하이실리콘<br>• 제조: SMIC<br>• 테스트 및 패키징: JCET<br>• 장비: NAURA, AMEC 등 선진 기업 육성 |
| 2021 | 14차 5개년 계획 | • 반도체 설계툴<br>• 제조(10nm 미만, 첨단 메모리)<br>• IGBT, MEMS<br>• 고순도 소재 및 중점 장비<br>• SiC, GaN 등 3세대 반도체 | • 미국의 대중 견제 분야(설계툴, 제조 장비, 소재) 중심으로 자체 역량 개발·강화 전망 |

자료: 연원호(2021), KIEP

Ding Wenwu의 생각은 2021년부터 시작된 14차 5개년 경제개발계획에 그대로 반영됐다. 이 계획의 내용에는 반도체 설계 툴인 EDAElectronic Design Automation, SiC·GaN 등 소재, 장비 등에 대한 육성 정책을 구체화하고 있다.

중국의 경제 차르 류허 부총리가 게임의 전면에 나섰다. 그의 말을 들어보자.

"중국 기업이 취약한 분야가 분명히 있다. 이 부분은 글로벌 시장에서도 아무도 주도적인 위치에 있지 않아 중국도 해볼 만하다. 중국의 역량을 모아 연구 개발을 확대하자."

이는 단순히 부총리 한 명의 의견이 아니다. 시진핑 국가 주석의 복심으로 통하는 그의 한마디는 무게감을 더한다. 이는 미국을 향한 완곡한 선전 포고이기도 하다. 우리가 이렇게 할 테니까 미국도 긴장하라는 강력한 메시지를 보내고 있는 것이다. 이후 일어날 일은 너무 분명하다. 중앙 정부의 여러 부서들이 머리를 맞대고 어떻게 지원할지 토론하고, 각 지방 정부들이 경쟁적으로 관련 투자를 늘리며 투자 붐이 일어나고… 중국식 자본주의의 일사불란함을 한 번 더 보게 될 것 같다.

중국의 반도체 육성 정책은 결국 반도체의 전체 파이를 키우는 방향으로 전개되고 있다. 파이가 커지면 많은 기업이 찾을 것이다. 미국 기업에도 시장을 제공하면 미국의 규제를 일정 정도 피해갈 수 있다는 계산도 깔려 있다.

중국도 미국의 아킬레스건을 정확하게 알고 있다. 미국 기업이 중국 시장에 상당히 의존하고 있다는 것이다. 바이든 행정부의 100일 행정 명령 보고서에서도 이를 우려하고 있을 정도이다. 인텔의 경우 2020년 매출의 26%가 중국에서 발생하고 있다. 글로벌 반도체 장비 2위 업체인 Lam research는 중국 시장 매출 비중이 31%를 차지한다. 특히, 반도체 장비 기업들은 상대적으로 규모가 적어 중국에서 번 돈으로 기술 개발을 해야 한다. 미국이 그들에게 시장을 제공해주지 못한다면 결국 시장은 중국뿐이다. 미중 반도체 갈등이 요란하게 전개되지만 소재·장비 전문기업들은 중국 시장을 포기할 수 없다. 2019년 기준 중국의 반도체 생산 시설전공정, 후공정 포함은 글로벌 시설의 17%를 차지하고 있다. 단순히 계산해도 소재·장비 업체의 중국 매출 비중은 17%를 넘는다는 뜻이다.

연구 개발R&D을 하겠다는 것은 현재가 아니라 미래의 문제이다. 현재 중국에 가장 시급한 것은 첨단 대형 팹을 갖는 것이다. SMIC가 14nm를 상용화했지만, EUV 장비를 얻지 못해 10nm로 가기 힘들다. 기술력을 가진 해외 기업들은 미국의 규제 때문에 중국에서 10nm 이하 생산을 하기 힘들다. 당장 EUV 장비 반입이 어렵다. 현재 상태로 진행되면 중국은 10nm 이상의 팹만 즐비하고, 10nm 이하의 첨단 팹은 못 갖춘 형태로 성장할 가능성이 높다. 중국의 고민이 깊어지는 대목이다.

## 미국의 Tech power vs. 중국의 Market power

미국의 기술 파워와 중국의 시장 파워가 맞부딪히면서 큰 폭발음을 내고 있다. 미국의 기술 파워는 이미 앞에서 설명했다. 중국의 시장 파워는 무시해도 되는 것일까? 중국의 시장 파워를 보여주는 대표적인 존재는 중국 '국가시장관리감독총국'SAMR, the State Administration for Market Regulation이다. 이 기구는 중국의 행정부인 국무원 직속 기관으로 정부 여러 부처에 있던 기능을 한데 묶어 2018년 출범했다.

SAMR은 우리나라의 공정거래위원회와 같은 역할을 한다고 보면 된다. 공정거래위원회는 규제를 통해 모든 기업이 같은 조건으로 거래를 할 수 있도록 교통정리를 하는 기구이다. 기업 간 인수 합병을 통해 인수하는 기업이 시장의 지배적 사업자가 될 경우 이를 거래 초기부터 찬성, 반대할 수 있는 것도 이 기구의 역할이다.

특히, 글로벌 기업들은 중국의 기업 결합 심사라는 마지막 고비를 넘기지 못해 거래가 좌초되는 경우가 많다. SAMR을 갑 중의 갑으로 부르는 것도 이 때문이다. 2018년 미국의 퀄컴이 네덜란드 반도체 회사

NXP를 인수하려고 했으나 이 기구가 반대하면서 최종 거래가 무산됐다. 최근에는 미국의 반도체 장비 회사인 Applied Materials의 일본 고쿠사이 일렉트로닉Kokusai Electronic 인수도 좌절된 것으로 알려졌다. 거래의 실패에 대해 많은 언론들은 "중국이 미국의 제재에 대한 보복 조치의 일환으로 의도적으로 심사를 지연시켰다"고 평가했다. SK하이닉스가 인텔의 낸드 사업부를 인수하는 거래에서도 이 기구는 반드시 넘어야 할 산이었다. 실제 2020년 10월 90억 달러짜리 거래 선언 이후 중국 국가시장관리감독총국의 허가를 얻기까지 무려 14개월의 시간이 걸렸다. 하이닉스 입장에서는 인텔의 낸드 사업부 인수로 메모리 반도체의 두 축인 DRAM에 이어 NAND에서도 2위 사업자가 될 수 있어 '반드시 확보해야 하는' M&A이기도 하다.

기업 결합 심사는 M&A로 2개 이상의 기업이 하나로 됐을 때 글로벌 시장에서 지배적 사업자가 되면서 시장을 독점할 수 있다는 우려를 불식시키는 역할을 한다. 이는 결국 공정한 거래를 방해한다는 논리이다. 중국이 세계 최대의 반도체 시장이 되다 보니 글로벌 차원의 많은 거래는 결국 중국의 장벽을 넘지 않으면 성사되기 어려운 구조이다. 앞으로 중국의 시장 파워가 커질수록 많은 글로벌 기업들은 SAMR이라는 마지막 장벽을 어떻게 넘을지까지 전체 거래 계획에 포함시켜야 함을 의미한다.

**NAND 시장의 점유율 변화('23.4Q)**

| 순위 | 회사명 | 점유율 |
|---|---|---|
| 1 | 삼성전자 | 31.4 |
| 2 | SK하이닉스 | 20.2 |
| 3 | 웨스턴디지털 | 16.9 |
| 4 | 키옥시아 | 14.5 |
| 5 | 마이크론 | 9.9 |

자료: 트렌드포스(2024)

# 미중 갈등,
# 시장은 다르게 화답하고 있다

반도체 강대국들의 Tech를 둔 정치 게임은 각자의 위치에 따라 다른 평가가 따른다. 어떤 국가는 너무 손쉽게 이겼다고 으스대고 있고, 어떤 국가는 끝날 때까지 끝난 것이 아니라며 다음을 기약하고 있고, 어떤 국가는 먼발치서 불구경하면서 유불리를 따지기에 바쁘다.

정치 게임에 대해 시장은 다르게 화답하고 있다. 정치의 논리가 시장의 물꼬를 억지로 다른 방향으로 바꾸려 했지만 결국 시장의 논리가 작동하고 있다. 중국 반도체 굴기의 상징인 SMIC는 미국이 그렇게 별렀지만 밀려드는 수요에 사상 최고 매출액을 연일 경신하고 있다. 중국 시장의 반도체 수요가 폭발적으로 성장하는 요즘 중국 내에서 이들이 필요한 반도체를 공급할 수 있는 거의 유일한 업체가 SMIC이기 때문이다. SMIC는 10nm 이하의 반도체 생산은 어렵지만 시장에서 가장 수요가 많이 몰리는 20nm 이상에서 충분한 경쟁력을 갖고 있다. 게다가 미국의 공세에 놀란 중국 정부가 SMIC 살리기에 올인한 데에는 SMIC에 우호적인 중국 내 여론도 일조했다. Buy China의 일환으로 중국 내 기업들은 중국 내에서 생산된 제품을 우선 구매하도록 하는 조치도 한몫했다.

한편 미국의 상무부는 '21년 10월 SMIC에 420억 달러어치의 반도체 생산에 필요한 소재와 장비 수출을 허가했다고 밝혔다. 그동안 쉬쉬하던 내용을 공식적으로 밝힌 것이다. 이는 미국반도체협회의 미국 내 로비도 중요했지만 미국이 손해를 보면서까지 반도체 최대 시장을 놓칠 수 없다는 현실론이 이긴 결과이다. 자동차용 반도체가 부족해지면서 시장의 요구에 부응한 조치의 일환으로 해석된다.

SMIC의 극적인 성장률 반전은 미중 갈등의 속성을 잘 대변하고 있다. 코로나 팬데믹과 미국의 제재가 맞물려 SMIC는 2019년 매출이 줄어들면서 'SMIC는 끝났다'는 냉엄한 시장의 평가를 받았다. 그러나 중국 정부의 전방위 지원과 시장 호황으로 극적인 반전의 드라마를 쓰며 최대 호황을 누리고 있다. 미국 기업에 대한 매출 비중도 요란했던 싸움에

### SMIC 공정별 매출액 비중('21.4Q)

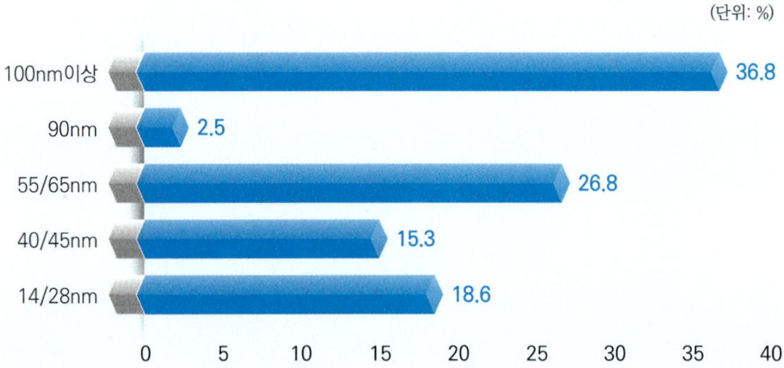


주: 2022년부터 공정별 매출액을 발표하지 않아 2021년 4분기 자료가 가장 최신 자료이다.
자료: SMIC 홈페이지

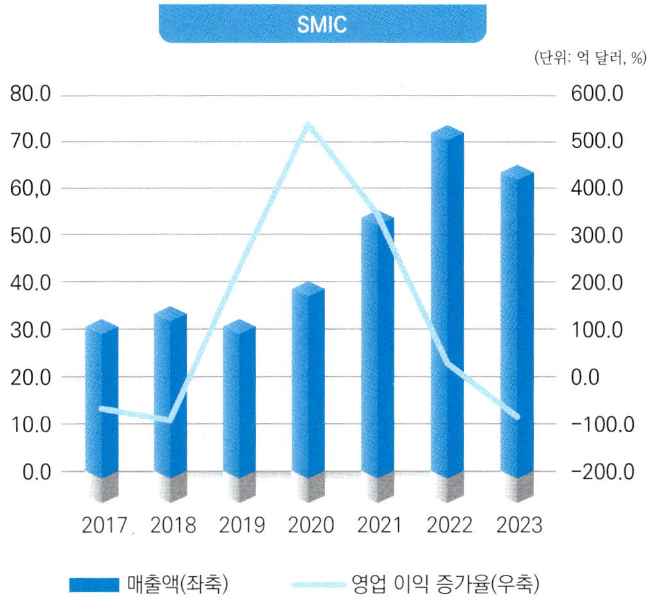


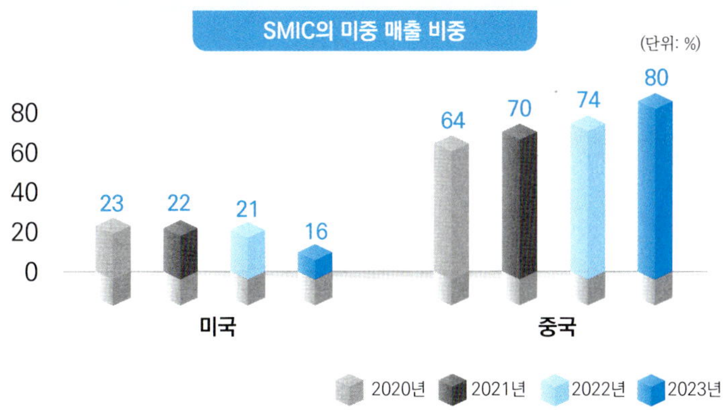


주: 미국 매출은 본사가 미국에 있는 기업과 계약한 기준이며, 계약된 물량이 실제 어느 지역에서 활용되는지는 반영하지 않는다.

자료: SMIC 홈페이지

비해 생각보다 하락폭이 적게 나타나 '최악은 지났다'는 평가를 받고 있다. 2023년 매출과 영업 이익 모두 일시적으로 흔들리면서 SMIC의 미래에 대한 갑론을박이 진행되고 있다. 어떤 상황이 닥쳐도 중국 정부가 SMIC를 끌고 나갈 것이라는 사실에는 모두 이구동성이다.

ASML은 또 다른 의미에서 승자이다. ASML은 중국에서 EUV 장비 수출길이 막혀 고전했다. 그러나 DUV보다 수익성이 높은 EUV 쪽으로 빠르게 방향을 전환하면서 전화위복이 되고 있다. 더구나 반도체 첨단 경쟁과 투자 붐이 일면서 갑자기 EUV에 대한 시장 수요가 폭증해 내로라하는 반도체 생산 기업들의 애간장을 녹이고 있다. 시장이 불안한 가운데서도 큰 비용을 치르지 않고 상위 기술로 포트폴리오를 빠르게 바꿀 수 있는 황금과 같은 기회를 포착한 것이다. 실제 EUV 판매 대수는 기하급수적으로 증가하고 있다. 2021년 EUV 판매 대수는 2020년 판매 대수31대보다 무려 11개나 많은 42대를 기록했다. EUV를 만들수록 매출이 급증하는 사업 구조를 만들고 있다. 2022년부터 EUV 생산과 판매 정보를공개하지 않고 있다.

**ASML의 EUV 전망 (높은 시장 성장률 시나리오)**

| 구 분 | 2025년(Unit) | 2030년(Unit) |
|---|---|---|
| EUV High NA | 5 | 30 |
| EUV Low NA | 80 | 80 |
| EUV Share(%) | 14.8% | 16.9% |

자료: ASML Annual Report(2023)

TSMC는 미중 갈등을 교과서처럼 보여주고 있다. TSMC의 중화권 최대 고객이던 화웨이와의 거래는 미국의 제제로 2020년 하반기부터 중단됐다. 그 결과, 2020년부터 TSMC의 미국 매출은 상승하고 중국 매출은 줄어드는 전형적인 모습을 보였다. 특히, 미국의 제제가 본격화된 2021년부터 TSMC의 중국 매출은 확연하게 하향세를 보이기 시작했다. 그러나 그것도 잠시, 2023년부터 중국 매출은 조금씩 상승 곡선을 그리고 있다. 많은 기업이 미중 갈등의 칼날 위에 서서 이미 적응을 마쳤다

**TSMC의 미국, 중국 매출 추이(%)**

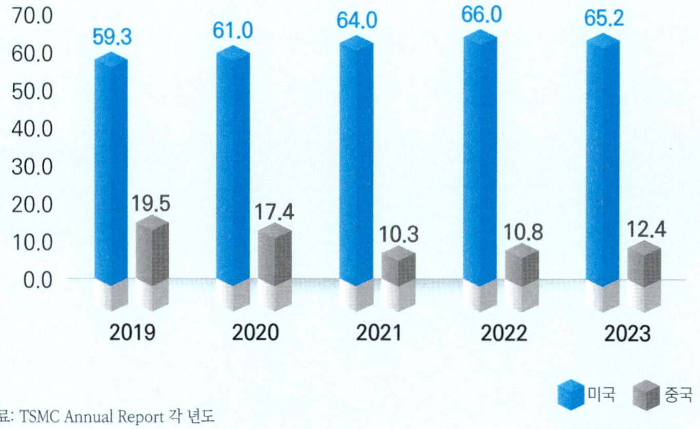


자료: TSMC Annual Report 각 년도

는 것이다. 미국의 규제는 TSMC를 일시적으로 흔들어 놓았지만 세계 최대 반도체 시장을 가진 중국의 지위를 앗아가지는 못했다.

미중 갈등의 희생양으로 거론되던 SMIC, ASML과 TSMC. 미국이 정치 게임에서 이겼을지는 모르지만 시장의 힘은 정치 게임을 넘어서고 있다는 현실을 보여주는 좋은 사례가 될 것이다. 앞으로 미중 갈등이 지속되며 반도체 시장이 흔들릴 수 있지만 시장의 눈으로 살펴보면 해법이 있음을 보여주고 있다. 그러나 명심할 것이 있다. 시장이 다시 균형을 찾아간다고 해서 미중 갈등의 영향력을 무시해도 된다는 의미는 아니다. 미중 갈등 구조는 하루아침에 사라질 수 없기 때문이다. 미중 갈등 뉴스는 아주 오랫동안 우리의 귓전을 괴롭힐 것이다.

미국의 다양한 노력도 중국의 반도체 확보에 대한 의지를 꺾어놓지 못하고 있다. 미국반도체협회에 따르면 중국은 2021년에 28개의 반도체 팹을 지을 계획을 발표했다. 이는 2021년 중국을 제외한 글로벌 차원에서 발표한 신규 팹의 2배에 이른다. 소재·장비 회사에 엄청난 규모의 새로운 시장을 제공하는 것이다. 투자 금액은 260억 달러에 이르며 주로 경제가 발달한 동부 연해에 집중돼 있다. 주요 투자 기업은 이름이 많이 알려진 SMIC 외에도 다양한 중소 업체들이 포진해 있다. 반도체 전쟁에도 중국 특유의 인해 전술이 적용되고 있다. 미국이 아무리 중국 기업에 제재를 가하더라도 숨바꼭질하듯 다양한 군소 업체들이 미국 제재의 사각 지대에 놓일 수 있음을 반증한다.

### 2021년 중국 기업의 신규 팹 계획

자료 : 미국반도체협회(2022)

# 진짜 승부는 지금부터

## 책사 전쟁: 제이크 설리반과 류허의 대결

전쟁터에서 책사들은 항상 주군 곁에서 전략적인 조언을 하고, 한순간에 승부를 뒤집는 재주를 부린다. 미중 Tech 전쟁은 겉으로 보면 바이든 대통령과 시진핑 주석의 다툼으로 보인다. 실제로 따져 보면 이들의 눈과 귀를 사로잡는 책사들 간의 '신의 한 수'가 판도를 바꾸기도 한다. 양국의 대표적인 책사는 제이크 설리반 백악관 국가 안보보좌관과 류허 부총리이다. 당연히 전 세계 언론들도 이들의 상품 가치를 놓칠 리 없다. 그들의 일거수일투족은 항상 뉴스거리가 되고 있다.

예일 대학 로스쿨 출신의 '외교 귀재' 제이크 설리반, 하버드 대학 케네디 스쿨 출신이며 시진핑 주석의 중학교 친구인 류허 부총리, 말하기 좋아하는 사람들은 이들의 다툼을 예일 대학과 하버드 대학의 진검승부로 설명하기도 한다. 40대와 50대의 세대 대결로 보는 시각도 있다. 제이크 설리반은 오바마 행정부 시절 35세의 나이에 힐러리 클링턴 국무장관과 같이 일을 하며 두각을 드러냈다. 현재 미국의 외교·국방 정책을 담당하는 국가안전보장회의를 실질적으로 이끌고 있다. 그가 백악

### 전면에 나서는 책사들 : 제이크 설리반 vs. 류허

관이 주최한 2021년 4월 반도체 정상 회의의 첫 주자로 나선 것도 이상하지 않다.

설리반의 주특기는 외교를 통한 고사 작전이다. 상대방이 항복할 때까지 이중삼중으로 에워싸는 방법을 디자인하는 데 능하다. 그의 작전은 실제 경제와 안보를 엮어 판을 만들어가는 모습으로 나타나고 있다. 중국을 배제한 공급망 복원 정상 회의, 민주주의 정상 회의의 밑그림은 그의 머리에서 나온 것으로 평가받고 있다.

미국에 제이크 설리반이 있다면 중국에는 '경제 대통령' 류허가 있다. 원래 중국에서는 정치는 국가 주석, 경제는 총리가 챙기는 불문율을 갖고 있다. 그런데 경제를 챙기게 되어 있는 리커창 총리의 등장 횟수가 확실히 줄어들고 있다. 그의 빈자리는 총리가 아닌 부총리가 대신하고 있다. 미중 경쟁이 모든 이슈를 삼키는 상황에서 하버드 대학 출신의 류허 부총리가 전면에 나서는 것도 나름대로의 이유가 되기도 한다. 류허 부총리는 캐서린 타이 상무부 장관, 재닛 옐런 재무부 장관을 상대하며 중국의 국익을 지키는 최전선에서 1인 다역을 해내고 있다. 미국과 관련

된 중국의 경제 분야 대외 업무를 관장하기 때문이다. 언론도 이를 놓칠세라 양국 간 무역 전쟁 뉴스가 나오면 항상 류허 부총리를 집중 조명한다. 미중 기술 경쟁의 틈바구니에서 중국의 기술 혁신을 생존의 문제라고 소신 발언을 하는 것도 류허 부총리이다. 중국의 수많은 경제 이슈는 그의 손을 거쳐 최종 완성되는 것이다.

2022년 10월 중국의 지도부 교체와 함께 허리펑 부총리가 류허 부총리를 이어 미중 이슈를 대신 맡게 됐다. 미국도 2024년 11월 대통령 선거를 앞두고 있어 설리반과 허리펑 구도는 오래가기 힘들 것으로 보인다. 다만 미국의 새로운 인물 발탁과 관계없이 중국은 허리펑이 반도체 전쟁을 진두지휘할 것이다.

## 미국은 어디까지 밀어붙일 것인가

책사들이 정책 방향을 결정한다면 구체적인 한 방은 산업 전문가들의 몫이다. 미국은 중국과 어떤 수준의 관계를 가져가려고 하는가? 이 질문에 대해 미국 의회 산하 민관 합동 자문 기구인 AI 국가 안보위원회 National Security Commission on AI가 해답을 제시하고 있다.

"중국을 막을 수 있는 만큼 막아야 한다. 완전히 막기 어렵다면 2세대 앞선 기술 격차를 유지해야 한다."

구체적으로 중국의 가장 앞선 기술은 SMIC의 14nm 이고 인텔은 10nm를 상용화했다. 그렇다면 명확하다. 중국의 기술을 현 수준에서 막고 미국이 계속 앞서가는 것이다.

미국의 장기적인 그림이 기술 격차 유지라고 하더라도 중국에 대한 규제는 쉽게 거둬들이기 어려울 것이다. 그러므로 두더지 잡기식 게임을 계속할 가능성이 높다고 본다. 앞에서 설명한 것처럼 구멍이 숭숭한 그

## 류허 부총리가 인민일보에 기고한 글

要闻 6　2021年11月24日 星期三　人民日报

# 必须实现高质量发展

刘鹤

一 实现高质量发展是我国经济社会发展历史、实践和理论的统一

二 科学把握高质量发展的内涵要求

三 加强实现高质量发展的动力和保障

류허 부총리는 "반드시 높은 수준의 발전을 실현하자"는 제목의 글을 중국 공산당 기관지인 인민일보에 게재했다. "과학 기술의 발전은 단순히 발전의 문제가 아니라 생존의 문제"라는 소신 발언을 하기도 했다.

자료: 조선일보(2021)

## AI 국가 안보위원회 보고서의 표지

2021년 3월에 발표된 AI 국가 안보위원회 보고서는 위원장인 에릭 슈미트 전임 구글 회장이 주도적으로 작성했다. 2017년 1월 발표된 과학 기술자문위원회의 보고서가 트럼프 대통령을 위한 보고서였다면 이 보고서는 바이든 행정부의 정책 바이블로 통한다.

물을 계속 던질 것이다. 큰 놈만 잡고 새로 큰 놈이 나오면 또 잡는 방법이다. 한마디로 현재의 기술 규제 수준을 유지하면서 적용 기업을 확대할 가능성이 높다고 본다. 현재의 기술 규제에 해당되지만 이를 적용하지 않은 기업들이 많다. 벌써 YMTC, UNISOC 등 다음 후보로 거론되는 기업들이 미국의 언론과 정치권을 중심으로 거론되고 있다.

미국은 중국을 때리면서도 조심조심할 것이다. 때리면서 상대방이 녹다운될까 봐 노심초사하는 것이다. 구멍이 숭숭한 그물을 던진 것이나 시간을 두고 하나씩 하나씩 거래 제한 기업을 늘리는 이유는 여기에서 찾을 수 있다. 구멍이 숭숭하다는 것은 모든 기업을 잡을 생각이 없다는 것을 의미한다. 이러다가 중국 반도체 기업이 다 죽으면 그것도 걱정거리가 되기 때문이다. 시차를 두고 목표 기업을 정하는 것은 중국 기업이 얼마나 잘 견딜 수 있는지 테스트하는 것이기도 하다. 규제 효과를 확인하고 한 발자국씩 규제 기업을 확대하는 이유도 여기에 있다. 중국의 모든 반도체 기업이 어려워진다는 것은 정치인들은 기뻐할 일이지만 그만큼 미국 기업들도 손해를 감수해야 한다는 것이다. 국가를 운영하는 정치인은 대의명분도 중요하지만 결국 경제 성적표에 따라 민심의 평가를 받게 되는 것이다.

바세나르 협정을 활용한 중국 견제는 미국이 얼마든지 다양한 방식으로 중국을 다룰 수 있음을 알려준다. 바이든 행정부는 동맹국과 같이 한다는 말을 수도 없이 반복하고 있다. 그러나 앞에서 살펴본 바세나르 협정은 강제성이 없다는 치명적인 약점을 갖고 있다. 글로벌 공급망 안정화라는 큰 화두를 던지고 있는 마당에 강제 구속력을 가진 Next 바세나르 협정과 같은 국제 규범이나 조직을 만들고 싶어 하는 동기는 충분한 것이다.

이미 미국의 새로운 시도는 진행 중이다. 바이든 행정부는 글로벌 공급망 회복을 위한 정상 회의Summit on global supply chain resilience를 이미 가동하고 있다. 이 정상 회의에는 미국, EU 이외 미국과 마음이 통하는Like minded 14개 국가가 참여하고 있다. 같이하는 국가를 통칭하는 표현 방법이 창의적이다. 호주, 캐나다, 콩고, 독일, 인도, 인도네시아, 일본, 멕시코, 이탈리아, 한국, 네덜란드, 싱가포르, 스페인, 영국 등이 참여하고 있다. 2022년에는 블링컨 국무장관과 러몬드 상무장관이 주관하는 실무 회의를 계획하고 있다.

2021년 12월에는 또 다른 형태의 그림을 보여줬다. '민주주의 정상 회의'Summit for Democracy, 미국이 주도하고 중국과 러시아를 배제한 110여 개 국가가 초대됐다. 특히 이 회의에 대만을 초대하면서 노골적으로 중국을 겨냥하고 있다. 미국이 민주주의 수호의 최전선에 나설 테니 모든 국가들은 미국을 따르라는 의미다. 비단 민주주의뿐만 아니라 안보, 산

**민주주의 정상 회의의 화상 회의 모습**

자료: 연합뉴스(2021)

업 등 모든 분야에서 미국을 중심으로 가자는 선언으로 해석된다.

여러 형태의 정상 회의는 직접적으로 중국을 배제하는 모습으로 구현될 가능성이 높아진다. 미국은 이런 형태의 정상 회의를 지속적으로 만들어낼 가능성이 높으며 중국을 세계에서 고립화하려는 다른 형태와 방식으로 줄기차게 중국을 압박할 것이다.

## 다음 전쟁터는 어디가 될 것인가

제도는 일어날 일을 다 예측해서 만들 수 없다. 그 공백은 리더십으로 채우는 것이다. 미국 내 정부 부처의 의견 조율과 반도체에 대한 글로벌 공조는 제도를 움직이는 리더십의 문제이다. 미국은 자체 규제와 글로벌 규제를 통해 중국의 반도체 디자인화웨이, 생산 기술SMIC을 겨냥하고 있다. 그 결과는 미국에 유리하게 흘러가고 있다. 이게 다일까?

미국과 중국의 전쟁은 차기 주도권 싸움과 연결돼 있다. 저명한 국제기구들은 미국과 중국의 경제 규모가 10년 뒤 비슷해질 것이라는 전망을 잇달아 내고 있다. 이는 향후 10년 동안 양국은 외나무 다리에서 정면 승부를 해야 된다는 뜻이다. 한쪽이 쓰러져야 끝나는 게임이기 때문이다. 반도체에서 시작된 게임이지만 제2, 제3의 반도체로 확전될 수 있는 구조를 만들어가고 있다.

더군다나 미국과 중국은 가고자 하는 분야가 중첩되고 있어 그 전투는 더욱 치열할 수밖에 없다. 미국과 중국은 미래 기술 패권을 위해 나름의 기준으로 전략 기술을 선정하고 이를 확보하기 위해 국가의 에너지를 쏟아붓고 있다. 이 가운데 인공 지능, 양자 컴퓨터Quantum, 반도체, 바이오, 뇌 과학, 우주 기술 등에서 지향점이 정확하게 일치한다. 이들 전략 기술 분야는 반도체를 기반으로 발전한다는 공통점을 가지고 있다.

반도체로 좁혀 생각해보자. 모든 국가가 대형 팹 확보를 위한 현재의 경쟁에 뛰어들었다면 미래 분야는 미세 공정, 패키징, 복합 소재에서 경쟁이 발생할 가능성이 높다. 현재 기술로 구현이 가능한 미세 공정은 거의 한계점에 이르렀다. 그렇다면 두 가지 방향의 기술 전쟁은 피할 수 없다.

첫째, 패키징이다. 원래 패키징은 생산된 칩을 보호하기 위해 뚜껑을 덮어씌우는 정도의 단순한 기술이었다. 그러나 전자 기기의 기능이 다양해지면서 한 개의 전자 기기에는 메모리, CPU, GPU 같은 다양한 반도체 칩이 들어간다. 반도체 생산 기업들이 각각 제품을 따로 만들면 최종 사용자는 이를 따로 구입해 사용해왔다. 좁은 공간에 복잡하게 반도체 칩이 들어가다 보니 전력 소모가 많아지고 각각의 반도체 칩이 제 기

### 미국과 중국의 핵심 미래 전략 기술

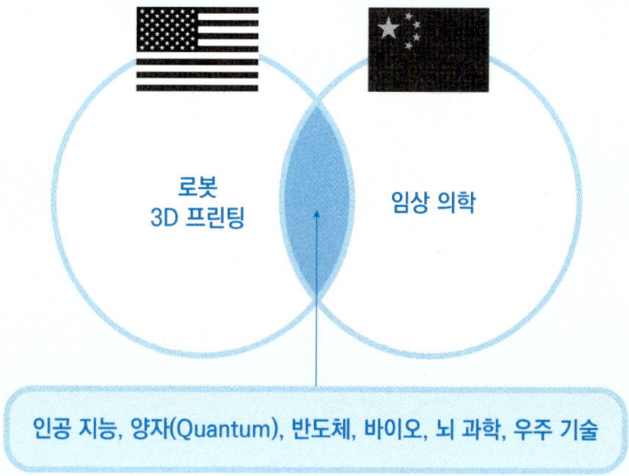

능을 100% 발휘하지 못하는 상황이 발생한다. 이런 문제를 해결하기 위해서는 다양한 반도체 칩을 하나의 통합 칩 형태로 운영하는 것이 가장 효율적이다. 새로운 패키징 기술이 필요한 이유는 여기서 찾을 수 있다. 특히 패키징은 기술적인 측면도 있지만 조립 단계의 비용을 고려할 경우 중국과 같은 저임금 숙련 노동자가 많은 지역이 앞서갈 수 있는 조건이 된다.

둘째, 복합 소재이다. 기존의 실리콘을 기반으로 한 소재는 높은 전압에 견디기 힘들고 반도체의 소형화에 어려움이 있어 왔다. 실리콘을 대체하는 복합 소재로 SiC탄화규소, Silicon Carvide, GaN질화갈륨, Galilum Nitride 같은 화합물 반도체Compound Semiconductor에 관심이 높아지고 있다. 향후 전기 자동차, 재생 에너지 등에서 이들 소재의 사용처가 확대될 가능성이 높아 각국의 치열한 경쟁을 예고하고 있다.

미국은 이들 분야에서 R&D를 통해 기술 개발에 성공했지만 실제 이들을 적용해 생산할 파운드리 공장이 없어 힘들어하고 있다. 중국도 원천 기술 확보 차원에서 이들 복합 소재를 주목하고 있다. 중국의 아킬레스건은 원천 기술 없이 필요한 기술과 제품을 해외에서 들여오고 있다는 것이다. 미국의 중국 때리기 과정에서 '원천 기술 확보'는 여전히 중국의 발걸음을 재촉하고 있다.

# 미중 반도체 갈등
# 최소 10년은 간다

일반적으로 반도체 전쟁은 산업 정책이라는 이름으로 정치인이 크게 지르고, 의회에서 법제화를 거쳐 행정부에서 실행하는 긴 밸류 체인을 가지고 있다. 참여하는 이해관계자가 다양하기 때문에 여러 과정을 거치면서 논쟁, 반발 등도 피할 수 없는 법이다. 반도체 관련 미국의 규제는 2018년 국방수권법이 방아쇠를 당겼다. 트럼프 행정부의 선택에 다들 이러다 말겠지라며 크게 긴장하지 않는 눈치였다. 우여곡절을 거쳐 미국의 대통령이 바뀌고 바이든 행정부에서 2022년의 CHIPs Act를 통과시키면서 어느 정도 정리가 되고 있다. 2018년 국방수권법은 수출입, 무역 관련 중국의 접근을 어렵게 만드는 성격을 띠고 있다. 반면, 2022년 CHIPs Act는 미국이 반도체 생산에서 글로벌 리더십을 강화하려는 미국 반도체 육성법의 성격이다. 실제 미국의 반도체 리더십과 직결되는 CHIPs Act에 주목해야 하는 이유이기도 하다.

## Chips Act는 미래를 건 승부수

CHIPs Act는 미국의 국내 반도체 산업 육성을 위한 이정표와 같은 법안으로 평가된다. 중립적이고 객관적인 의견을 내기로 유명한 미국의 대통령 과학 기술자문위원회PCAST, President's Council of Advisors on Science and Technology도 "미국의 반도체 경쟁력을 강화하는 데 도움이 될 한 세대에 한 번 온 기회a once-in-a-generation opportunity"라고 평가할 정도이다. CHIPs Act의 정식 명칭은 Creating Helpful Incentives to Produce Semiconductors and Science Act이며 반도체 생산을 위한 인센티브를 핵심 내용으로 한다. 이 법안에 따라 390억 달러는 반도체 생산, 110억 달러는 R&D 분야에 투자하기로 했다. 물론 지원금을 받거나 세제

### 미국 내 반도체 공장 분포

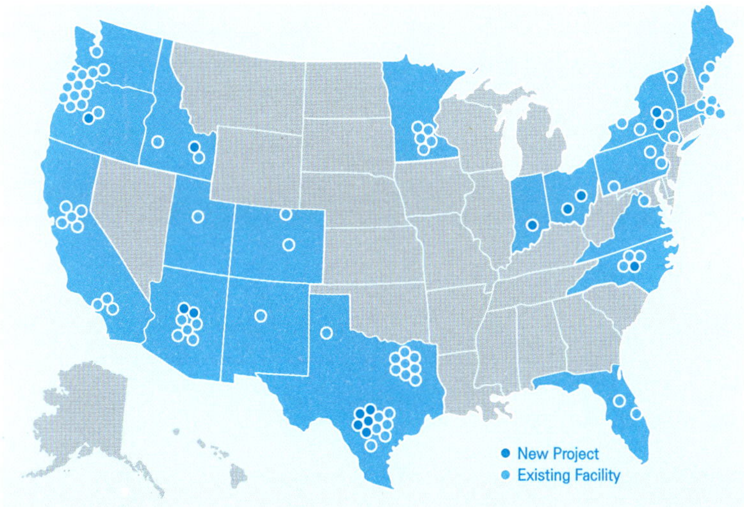


미국의 반도체 투자 붐에 힘입어 10nm 이하의 최첨단 공장부터 20nm대의 범용 공장들까지 전국에서 15개의 신규 반도체 공장이 건설되고 있다.

자료: 미국반도체협회(2022)

혜택을 받는 기업의 향후 10년 중국 투자 금지, 기업 정보의 공개 등 논란을 불러일으키는 조항들도 있다. 그렇지만 보조금 신청을 하지않는 자체가 이상한 모양새라 기업들의 투자 봇물과 보조금 신청은 대세가 되고 있다. 바이든 대통령은 2023년 8월 CHIPs Act 시행 1주년을 맞아 반도체 공급망을 미국으로 가져오는 데 큰 밑거름이 됐다고 자평하기도 했다.

## 기술 종주국의 명예 회복 선언

미국 내 반도체 육성에서 첨단 반도체 생산이 한 축이라면, 다른 한 축은 미국이 장기적으로 반도체에서 글로벌 리더십을 가져가기 위한 R&D 전략이 될 것이다. 이런 측면에서 2022년 통과된 CHIPs Act에서 미국의 R&D를 이끌기 위해 2개의 조직을 신설하기로 했다. 국가반도체기술센터NSTC, National Semiconductor Technology Center와 국가첨단패키징제조프로그램NAPMP, National Advanced Packaging Manufacturing Program이다. 이들의 역할은 기존의 시제품 생산 위주의 R&D에서 나아가 대량 생산으로 이어지는 상용화 연구를 강화하는 것이다. 한마디로 실험실을 떠나 공장으로 가야 한다는 'Lab to Fab 전략'이다. 미국의 과학기술자문위원회PCAST와 미국의 반도체산업협회SIA는 'Lab to

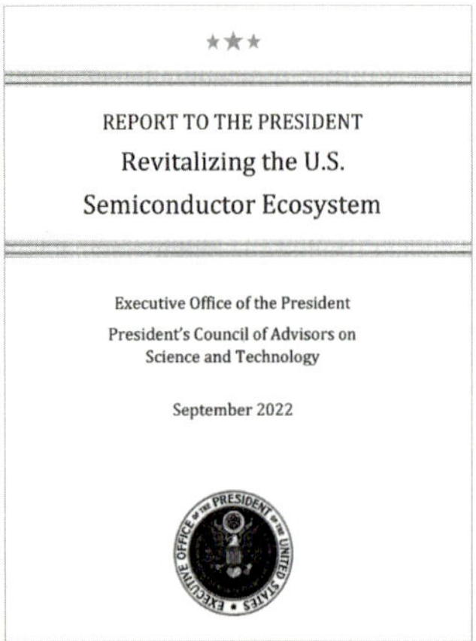
★★★

REPORT TO THE PRESIDENT
Revitalizing the U.S.
Semiconductor Ecosystem

Executive Office of the President
President's Council of Advisors on
Science and Technology

September 2022

과학 기술자문위원회 보고서의 표지

Fab'의 차이를 줄이는 노력이 필요하다고 주장하는 대표 주자이다. 사실 미국은 상업화 문턱에서 좌절한 EUV에 대한 아픈 기억이 있다. 현재 네덜란드의 ASML이 첨단 반도체 생산에 필수적인 EUV 생산을 독점하고 있는데 이 기술은 미국이 개발한 기술에 기반한다. 미국 내 연구 컨소시엄에서 15년 이상 연구한 결과, EUV에 핵심인 광원을 개발했지만 최종 상용화 단계의 문턱을 넘지 못하고 해외 기업에 매각하게 된다. 최종 승자는 미국의 광원 회사인 Cymer를 인수한 ASML의 시장 독점으로 귀결된다. 미국 전문가들 머리 속에는 '만약'이라는 단어가 떠나지 않음은 물론이다. 새로 출범하는 NSTC, NAPMP는 이런 오류를 줄여야 한다는 강력한 요구를 하고 있는 것이다.

미국반도체산업협회 보고서의 표지

보조금을 통한 첨단 공장 증설은 일회성 이벤트에 지나지 않는다. 미국이 '반도체 헤게모니 되찾기'라는 보다 본질적인 문제를 고민한다면 연구 개발을 통해 미국을 '첨단 기술의 R&D 허브'로 만드는 것이 정답이 될 것이다. 누구나 참여하고 싶어 하지만 누구에게나 문이 열려 있지 않는 한정판 같은 성격이다. 미국이 황금 열쇠를 흔들어대면서 기업들을 줄 세우는 방식은 과거에 많이 봐 왔던 익숙한 영화의 한 장면 같기도 하다. 미국의 반도체 R&D 프로그램을 주목해야 할 충분한 이유이기도 하다.

그런데 미국이 390억 달러를 내걸고 미국 내 첨단 반도체 공장을 짓는다는 뉴스만 난무하고, 왜 연구 개발과 관련된 내용은 크게 눈에 띄지 않았을까? 이미 국회를 통과한 110억 달러의 예산이 있는데도 말이다. 그 비밀은 의외로 간단하다. 첨단 공장을 짓는 데 390억 달러를 보조하는 내용은 전달이 직관적이다. 듣는 사람들도 큰 배경지식이 없어도 그대로 받아들이기 쉽다. 연구 개발은 좀 어려울 것 같고 아는 사람들만 숟가락을 올려놓을 수 있는 특정한 영역으로 인식된다. 아무나 손 들고 아는 체를 할 수 없다는 것이다.

속내를 보면 이 분야가 늦게 시작된 이유는 분명하다. 미국이 처음으로 시도하는 방법이기 때문이라 성공을 떠나서 시작하기가 부담 백배. 가보지 않은 길을 가야 하는데 예산은 엄청나게 많이 책정돼 있고… 한마디로 어떻게 다룰지 알아보느라 시간이 많이 걸린 것이다. 2022년 8월에 Chips and Science Act가 통과되고 연구 개발에 예산을 쓰려면 조직도 만들고 투자할 분야도 선정해야 한다. 물론 실험실 차원에서 연구된 결과물을 대량 생산으로 연결시키자는 'Lab to Fab 전략'만 확정된 상태였다.

그럼 미국은 왜 갑자기 연구 개발에 진심일까? 앞에서 EUV 광원의 예를 들었지만, 미국 연구계의 숨어 있는 고질병 때문이다. 미국 사회는 없는 것에서 새로운 것을 만드는 'Zero to One' 방식의 혁신에 재주가 있다. 새로운 것을 만드는 과학자Scientist가 엔지니어Engineer보다 우대받는 풍토도 여기에서 유래한다.

우리에게 익숙한 스마트폰이 우리의 손안으로 들어오기까지 과정을 생각해 보자. 애플이나 삼성전자가 스마트폰을 설계하고, 이를 어떤 회사가 만들고, 최종적으로 우리의 손에 들어온다. 그러나 어느 회사 제품인지만 잘 알려져 있고, 어디에서 누가 만드는지에 대한 정보는 관심이 있는 사람들이 아니면 찾기 쉽지 않다. 위에서 '어떤 회사가 만들고…'에 미국 R&D의 숨은 비밀이 있다. 기초 R&D가 끝난 기술은 시제품, 파일

### 연구 개발의 'Valley of death'

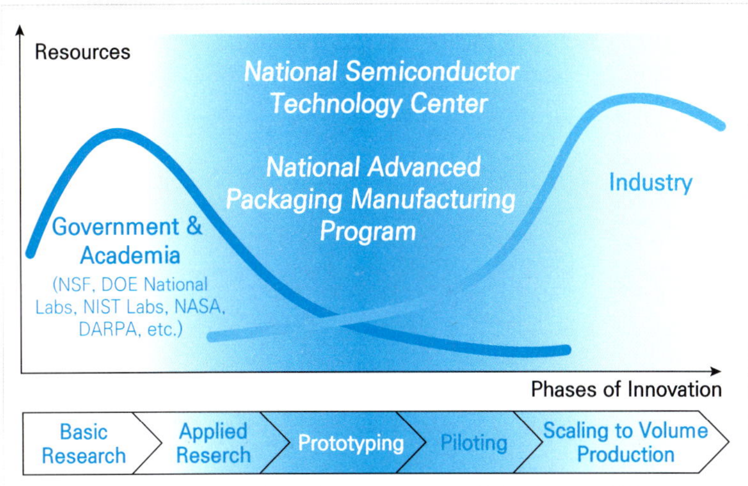


미국은 2개의 R&D 프로그램 (NSTC, NAPMP)을 통해 현재 미국이 시도하지 못하고 있는 시제품(Prototyping)에서 양산화(Scaling) 과정을 미국 내에서 이루고자 한다.
자료: SIA(2024)

럿 생산, 대량 생산을 거쳐야 살아 있는 기술이 된다. 그러나 이 과정에서 삐끗하면서 많은 시행착오를 거치는 것이 다반사다. 미국 연구계는 이 단계를 '죽음의 계곡Valley of death'이라고 부른다. 그만큼 살아서 빠져나가기 어렵다는 것을 의미한다.

기초 연구는 열심히 하겠지만 상용화 과정에서는 자금, 시설 등 비용이 많이 필요하다. 그만큼 실패할 확률이 크다는 것이다. 그러다 보니 이 단계에 대한 도전에 나서기 어렵다. 대기업이 아닌 중소기업이나 Start-up이 이런 단계에 직면하면 쉽게 빠져나가기 어렵다. 그래서 '죽음의 계곡'으로 불린다.

이럴 경우 일반적으로 미국 기업들은 기술의 지적 재산권IP에 관심이 있는 해외 기업에 IP를 판매하고 로열티 등 사용료를 받는 방법을 선호

한다. 그러나 이런 방식은 두 가지 문제점이 있다. 첫째, 생산을 해외에 의존하면서 미국 내 제조 노하우가 축적되지 않고 해외 기업에 대한 의존도가 계속 높아진다는 것이다. 둘째, IP의 도용으로 해외 기업이 기술을 따라잡는 빌미를 제공한다. 이런 문제의식에 대한 미국 내 공감대가 형성되면서 '죽음의 계곡' 탈주를 위한 정부 차원의 프로젝트가 시작된 것이다.

R&D 프로그램은 설계, 공정, 첨단 패키징의 영역을 아우르고 있다. NSTCNational Semiconductor Technology Center는 주로 설계, 공정 관련 과제를 관리하고, NAPMPNational Advanced Packaging Manufacturing Program는 첨단 패키징을 관리하게 된다. 이를 위해 각각 50억 달러, 30억 달러의 예산이 마련돼 있다. 물론 이 프로그램을 통해 개발된 기술은 '미국 내 생산'을 명시하고 있다. 인텔, 삼성전자, SK Hynix는 미국 내 첨단 패키징 공장과 R&D 시설을 함께 짓고 있다. 첨단 패키징 공장은 공장 증설 보조금을 받고, 첨단 패키징 R&D는 R&D 보조금을 받는 이중 수혜가 가능할 것으로 보인다.

미국 내 반도체 공장 증설과 R&D를 동시에 하기 위해 책정된 500억 달러의 예산을 관리하기 위하여 거버넌스 구조도 새롭게 마련했다. 상무부에서 Chips 예산을 관리하는데, 실제로는 상무부 산하 NISTNational Institute of Standards and Technology에서 그 역할을 수행한다. NIST 산하에 공장 증설과 R&D를 관리할 2개의 사무실을 새로 오픈했다. Chips Program Office는 공장 증설 관련 예산을 담당하는 곳이라 그 역할은 거의 마무리 단계에 접어들었다. Chips R&D Office 산하의 NSTC, NAPMP를 주목해야 한다. 미국이 반도체 기술 종주국의 자존심을 걸고 내건 핵심 프로그램이기 때문이다. 그 분야도 반도체 설계에서부터 패키징까지 반도체의 전 영역에 걸쳐 있다.

**미국의 반도체 육성 관련 Governance 구조**

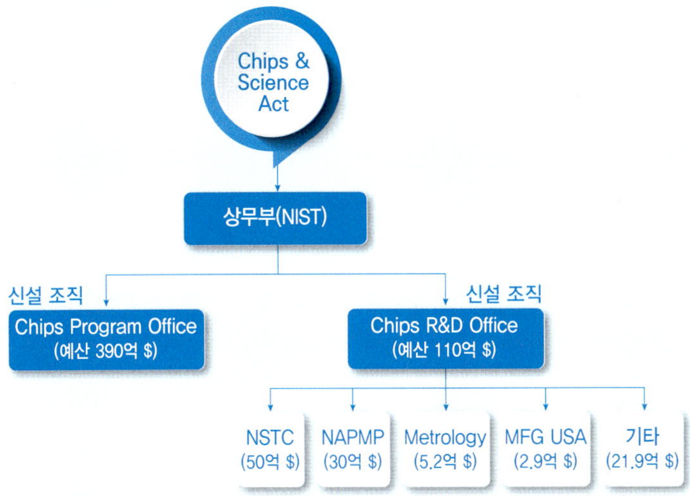


- NIST : National Institute of Standards and Technology
- NSTC : National Semiconductor Technology Center
- NAPMP : National Advanced Packaging Manufacturing Program
- Metrology : CHIPS Metrology Program
- MFG USA : CHIPS Manufacturing USA Institute

## 중국과 헤어질 결심

의회와는 별도로 행정부의 중국 규제에 대한 방향성은 확고하고 계속 그 수위를 높여가고 있다. 중국 규제의 담당 부서인 상무부는 CHIPs Act가 나온 두 달 뒤인 2022년 10월 중국 옥죄기를 강화하는 지침을 발표했다. 이전의 규제가 중국의 대표적인 개별 기업화웨이, SMIC 등을 겨냥했다면 새로운 조치는 그 범위를 확대했다. 여차하면 중국 모든 기업을 겨냥할 수 있다는 선전 포고와 같은 조치로 해석된다. 이번에는 미국이 절대 우위인 반도체 생산 장비를 무기로 Red line 이하 반도체 생산을 위한 장비를 공급하지 않겠다는 것이다. 구체적으로 보면 DRAM의 18nm 이하, NAND의 128단 이상, 파운드리의 14~16nm 이하에 필요한 장비 수출을 금지한 것이다. 이는 중국 기업이 상용화한 최첨단 수준이며, 각각 CXMT, YMTC, SMIC의 기술 수준에 해당된다. 다른 시각으로 보면 미국이 공식적으로 중국의 기술을 인정한 수준이기도 하다.

행정부의 중국 규제는 조치와 가드레일을 발표하는 선에서 끝나는 것이 아니다. 실제 유효하게 작동하기 위해서는 이를 뒷받침할 인력과 예산 문제가 중요하다. 중국 규제의 주무 부처는 상무부이며, 상무부에서도 산업안보국BIS, Bureau of Industry and Security이 핵심 역할을 담당하고 있다. 그러나 2017년 트럼프 정부에서 시작된 중국 규제로 업무량은 폭증하는데 인력과 예산은 2023년 회계 연도2022년 10월~2023년 9월에 와서야 반영된다. 한마디로 파격적이다. 물론 산업안보국은 300여 개가 넘은 중국

**산업안보국 예산/인력 추이**

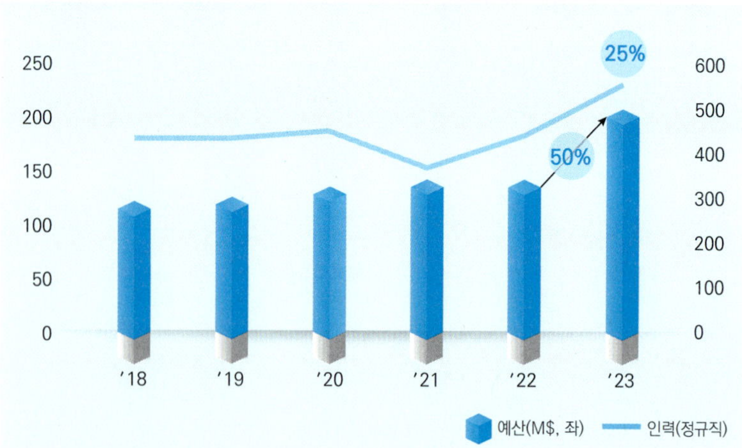


자료: 미국 상무부

기업의 Entity List를 관리하는 등 많은 업무에 시달리느라 제기능을 못하고 있다는 비난을 받고 있는 것은 사실이다. 이런 배경에서 예산이 전년도 보다 50% 이상 증가한 2억 달러에 이르고, 정규직 직원도 556명에 이를 정도로 매머드급 부처로 변신했다. 미국 정부의 중국 규제에 대한 의지를 분명히 읽을 수 있는 대목이다.

종합해 보면 미국의 의회, 행정부를 망라한 중국 규제는 현 상황을 바꾸기 위한 수단이다. 그들은 뭘 기대하며 이렇게 국가적 에너지를 쏟아붓고 있는 것일까? 첫째, 상대방을 혼란스럽게 만들기 위해서다. 어떤 규제가 나올지 모르기 때문에 상대방은 안정적인 투자를 이어가기 힘들다. 심지어 투자 자체를 할지 말지에 대한 불확실성이 높아졌다. 외국 기업들도 투자를 위한 의사 결정 기간이 길어지는 등 투자를 주저하는 쪽으로 작용한다. 이들은 중국에 투자하기 전에 먼저 미국의 눈치를 봐야 하는 상황이다. 둘째, 상대방의 예상을 뛰어넘는 과감한 조치를 시행하기 위함이다. 상대방이 '설마'라고 생각하는 선을 훌쩍 넘어 상대방을 공포로 몰아넣는다. 그러다 보니 상대방이 수동적으로 대응 방법을 찾는 데 힘을 쏟도록 유도한다. 미국의 전략은 중국의 전략적 지침서인 손자병법을 그대로 원용한 것이다. 상대방의 의지를 꺾기 위한 초토화 전략의 일환으로 보는 것이 맞다.

## '정책'의 시간에서 '비즈니스'의 시간으로

미국 의회와 행정부는 미국의 반도체 육성과 중국 규제를 위한 승부수를 던진 상태이다. 그렇다면 이런 내용들이 얼마나 잘 작동하는지 알아보는 것이 다음 순서일 것이다. 그래야만 미국이 얼마나 굳건하게 자신이 약속한 대로 잘 실천하는지를 알 수 있기 때문이다. 정책의 시간이 끝나고 이에 대한 다양한 셈법이 필요한 비즈니스의 시간에서는 방향성보다는 디테일이 훨씬 중요하기 때문이다.

먼저, 미국의 반도체 육성에서 인력 문제가 돌출했다. 미국 반도체 육성의 상징이며, 세계 최대의 파운드리 회사인 TSMC는 2021년부터 진행된 애리조나 4nm 공장의 완공을 얼마 남겨놓지 않고 갑자기 완공 시기를 1년 연기한다고 발표했다. 장비를 설치하고 운영할 숙련된 인재들이 없다는 이유에서다. 그 대안으로 대만에서 엔지니어를 데려오겠다고 발표까지 했다. CHIPs Act 이후 미국 내 반도체 공장이 우후죽순 생기는 상황에서 많은 사람이 인력 이슈를 자세히 고려하기 시작했다. 많은 투자가 미국 내 이뤄지는 상황에서 TSMC 이슈는 1회성이 아니라 폭발성을 가진 것으로 평가된다. 반도체 업계의 관계자들은 "미국 정치인들이 반도체 생산을 너무 쉽게 보고 있다. 많은 생산 공장이 미국 밖에 있는 이유를 정확히 모른다"는 쓴소리를 내고 있다.

사실 미국 내 인력 부족 문제는 미국 내 전문가 집단 사이에서 꾸준히 거론되던 이슈이기도 하다. 인재 분야에 가장 큰 목소리를 내고 있는 기구는 미국의 반도체산업협회SIA, Semiconductor Industry Association이다. SIA는 2023년 보고서 〈Chipping away: Assessing and addressing the labor market gap facing the U.S. semiconductor industry〉를 통해 심각성을 제기하고 있다. 구체적으로 살펴 보면 미국 내 반도체 투자

미국반도체산업협회 보고서의 표지

붐이 일어나면서 2030년까지 반도체 분야 일자리가 11만 5천 개가 증가하는데 증가하는 일자리의 58%6천 7백 개가 채워지지 않는다는 것이다. 부족한 인력은 공장의 유지/보수를 위한 Technicians 2만 6천400명, Engineers 2만 7천300명, Computer Scientists 1만 3천400명이다. 전체 첨단 업종의 인력으로 확대하면 2030년까지 140만 명이 부족하다는 전망이다. 반도체 인력이 다른 첨단 분야 인력과 겹친다고 보면 반도체 인력 경쟁은 예견된 미래이며, 미국 내 투자 기업에는 큰 도전이 될 것이다. 미국 정부는 이에 대한 해결책으로 미국 내 STEM과학, 기술, 공학, 수학 분야 석박사 학위를 받는 외국인들을 활용할 방안을 모색하기 시작했다. 미국에서 석박사 학위를 받고 미국을 떠나는 연 1만 7천 명을 붙잡기 위해 STEM 분야 비자 확대, 취업 간소화 같은 내용을 구체화하고 있다. 미국이 인재의 용광로 역할을 하면서 전 세계 첨단 인력의 사관 학교 역할을 했는데 이들이 미국에 체류하게 되면 한국 같은 나라들이 인재 문제로 힘들어할 것으로 보인다.

눈을 밖으로 돌려 미국의 중국 규제는 순탄하게 진행되고 있을까? 2023년 7월 미국 행정부가 중국 투자에 대한 추가 규제를 마련한다는 소식이 알려지자 미국의 대표적인 반도체 기업들이 일제히 반발하고 나섰다. 인텔, 퀄컴, 엔비디아, IBM 등 미국의 대표적 반도체 기업을 회원사로 둔 미국반도체협회는 미국의 추가 규제에 반기를 들었다. 중국 규제에도 불구하고 글로벌 반도체 수요의 1/3을 차지하는 중국 시장에 대한 매력, 중국의 희토류 등 자원 규제 등을 우려하고 있는 것이다. 앞으로 미국 내에서는 정치권과 산업계의 중국 규제 속도 조절에 대한 논쟁이 계속될 가능성이 높다.

미국의 일관되고 수위를 높여가는 방향성에 대해 중국은 크게 반응을 하지 않고 있다. 다만 중국이 반도체는 만들지 말고 사기만 하라는 미국의 방침에는 일관되게 반발하고 있다. 이를 위해, 첫째, 미국의 중국 규제 수위가 높아지고 있는 가운데 필요한 반도체 생산 장비와 첨단 반도체는 필요 물량을 앞당겨 주문하면서 2~3년의 시간을 벌고 있다. 중국의 시장 지위를 활용한 접근이다. 둘째, 미국이 막고 있지 않는 범용 기술을 활용한 생산에 주력하고 있다. 현재 DRAM은 18nm, 파운드리는 16nm 이상은 생산에 큰 문제가 없는 상황이다. AI 등 극히 제한된 분야를 제외하고 이런 범용 부분의 시장 규모도 전체 시장의 절반 이상을 차지한다. 이런 추세라면 중국은 범용 분야에서 글로벌 1위 생산 국가가 될 가능성이 높아졌다. 실제 범용 반도체 분야에서 중국의 약진이 계속 되고 있다. 2023년 중국의 범용 반도체 생산 점유율은 29%이다. 2030년에는 이 비중이 40% 수준까지 확대될 것이라는 전망이 많다. 셋째, 대외적으로 중국이 장점을 가지고 있는 자원의 무기화 전략이다. 중국 정부는 2023년 8월부터 갈륨,

**2023년 범용 반도체 점유율(%)**

자료: 한국경제(2024), 트렌드포스

**갈륨, 게르마늄 국가별 연간 생산 비중**

(단위: %, 2021년 기준)

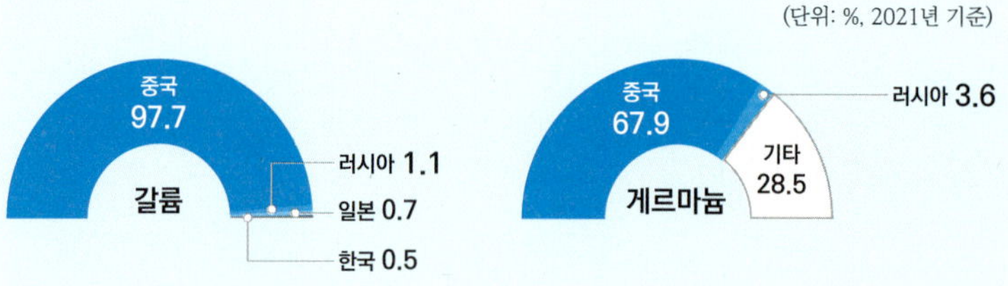


자료: 미국지질조사국, 동아일보(2023)

게르마늄의 수출을 통제하겠다고 발표했다. 중국은 각각 97%, 68%를 점유할 정도로 이 분야에서 중국이 공급망을 장악하고 있어 자원에 대해 자유로운 국가는 많지 않다. 반도체 분야에서는 원자재부터 최종재까지 너무 많은 나라가 얽혀 있어 한순간에 분리는 어렵다는 것을 단적으로 보여주고 있다. 넷째, 중국은 시장의 힘을 활용하여 M&A를 좌지우지하고 있다. 인텔은 파운드리에 컴백을 선언하고 사업 강화 차원에서 이스라엘의 Tower 반도체 인수에 나섰다. 그러나 중국의 국가시장관리감독총국SAMR에서 반독점 심사를 통과시키지 않으면서 거래가 무산됐다. 사실 Tower 반도체는 파운드리에서 비중이 1% 이하로 미미하고 최첨단 반도체를 생산하지 않고 있다. 중국의 정치적인 이유 말고는 이 거래가 무산된 이유를 설명하기 어렵다. 미중 갈등이 지속된다면 2021년 SK하이닉스가 인텔의 NAND 사업부를 인수한 것이 글로벌 마지막 대형 거래가 될 수도 있을 것이다.

'화웨이' 현상은 미중 반도체 전쟁의 지속 가능성과 한계를 고스란히 보여주고 있다. 2023년 8월 미국 상무부 장관이 중국을 방문한 시점에 중국 언론들은 미국 장관이 아니라 중국 기업 화웨이에 주목했다. 이 기업이 5G 스마트폰을 출시했다는 내용이었다.

화웨이의 'Mate 60 프로' 스마트폰 이미지
자료: 화웨이 홈페이지

단순한 신제품 출시에 중화권 언론들은 왜 그렇게 흥분했을까? 그 근저에는 미국의 압박과 봉쇄가 있었고, 그럼에도 불구하고 화웨이가 기술자립에 성공했다는 애국 스토리가 담겨 있었기 때문이다.

중화권 언론이 흥분하는 이유는

미국의 상무부 장관이 화웨이 스마트폰을 칭찬하는 모습의 가짜 이미지
자료: 조선일보(2023)

'Mate 60 Pro' 라는 스마트폰에 사용된 반도체가 미국이 집중 견제구를 날리는 7nm 기술로 만들어졌기 때문이다.

화웨이 현상은 몇 가지 특징을 보여준다. 첫째, 미국의 집중 견제를 받는 SMIC와 화웨이 조합이 여전히 맹위를 떨치고 있다는 것이다. 화웨

**화웨이 스마트폰 부품 제조국 변화**

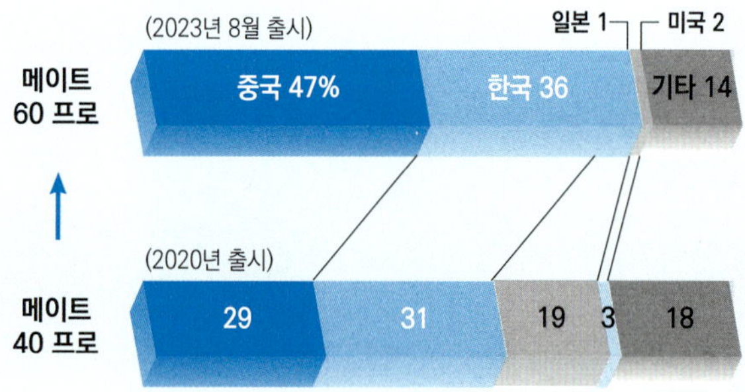

자료: 중앙일보(2023), 니혼케이자이

이가 사용한 7nm 반도체 제품은 중국 최대 파운드리 회사인 SMIC가 제작한 것으로 확인됐다. SMIC는 10nm 이하를 생산할 수 있는 핵심 장비인 EUV 확보가 어려운 상황에서 EUV 대신 DUV를 여러 번 사용하는 방식으로 7nm를 제작했다. 수율 등 생산 효율을 떠나 중국이 최첨단 반도체를 생산할 수 있다는 것이 확인됐다. 둘째, 미국의 중국 견제가 오히려 중국의 기술 굴기 속도를 높이고 있다는 점이다. 메모리 반도체를 제외한 대다수는 중국이 자급자족할 수 있게 되면서 중국의 반도체 생태계가 독자적 시스템을 갖출 수 있게 되었다. 실제 Mate 60

**중국 반도체 국산화 추이 및 전망**

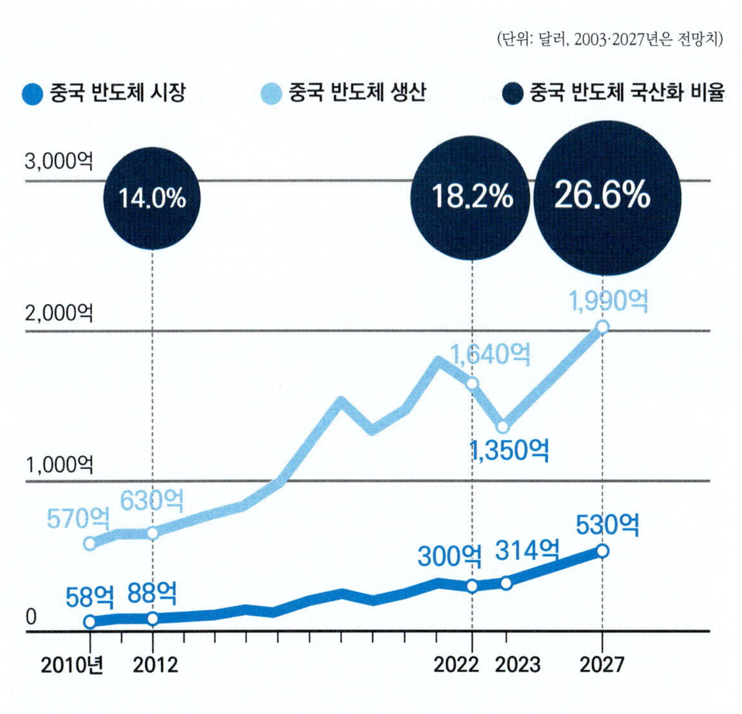


자료: 중앙일보(2023)

Pro에 사용된 중국의 국산화율이 50%에 육박하는 것으로 알려져 비즈니스계가 놀라고 있다. 중국 생태계가 해외 생태계와 분리되어 운용된다면 중국 시장에서 외국 기업들의 존재감이 약화될 가능성도 염두에 둬야 할 것 같다. 종합적으로 화웨이 현상은 미국의 중국 규제 유용성에 대한 미국 내 논쟁에 불을 붙이고 있다.

미국과 중국의 반도체 분쟁이 진행되는 시점에서 조심스레 현 상황을 정리해 보자. 미국의 중국 견제는 중국의 반도체 굴기의 속도를 늦추고 있을 뿐 중국이 반도체를 포기할 정도는 아닌 것으로 나타나고 있다. 그렇다고 미국이 먼저 중국 견제를 쉽사리 그만둘 수도 없는 상황이다. 미중 반도체 전쟁이 오래 지속될 수 있는 요인들이 축적되고 있다. 1980년대 미국이 전격적으로 일본 반도체를 공격하는 것을 지켜본 일본 전문가들은 미중 반도체 갈등은 최소한 10년 이상 진행될 것이라고 확신하고 있다. 미국이 체제가 같은 일본을 상대로 10년간 싸웠다면 체제가 다른 중국과의 싸움은 훨씬 길 수밖에 없다는 것이다. 그러나 미중 반도체 갈등이 시작된 지 10년이 되는 2027년경에는 중국의 반도체 국산화 비율이 30%에 육박할 것이라는 전망도 힘을 받고 있다. 미중 반도체 전쟁이 오랫동안 우리의 눈과 귀를 사로잡을 것 같다.

# 반도체 전쟁, 합종연횡의 Power

# Chapter 2

## 우리도 더 이상
# 반도체 변방이 아니다

Chapter

# 2

## 우리도 더 이상 반도체 변방이 아니다

- 유럽과 일본의 참전
- 유럽: 늦어도 뚜벅뚜벅 가겠다
- 일본: 반도체 르네상스를 재현하겠다
- 미국과 일본: 같으면서도 다르게
- '합종연횡'이라는 이름의 반도체 어벤저스

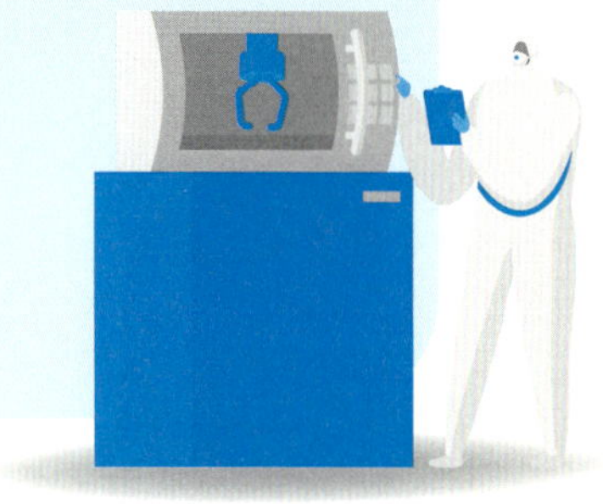

## 유럽과 일본의 참전

몸무겁기로 유명한 유럽, 존재감이 약해진 일본도 별안간 반도체 전쟁에 참전 선언을 했다. 유럽과 일본은 내심 미국과 중국의 싸움이 빨리 끝났으면 하는 마음으로 눈치를 보고 있다. 은연중에 미국과 중국이 자기 편으로 끌어들이기 위해 경쟁하는 양상을 즐기고 있었는지도 모른다. 그러나 그들이 아무런 행동을 하지 않고 버틸 수 있을 정도로 시간은 유럽과 일본 편이 아니다.

"가만히 있다간 우리 시장마저 다 빼앗기게 생겼다."

이 위기감은 공짜 점심은 없다는 단순한 진리와 맞닿아 있다.

유럽과 일본이 처한 상황은 공통점이 있다. 먼저 미국이 안보를 명분으로 중국을 제재하고 있어 안 따를 수 없다. 그런데 미국 말만 들으면 우리한테 어떤 이득이 있는지 속으로 주판알을 충분히 튕긴 후 행동에 나섰다. 그래도 할 수 있다면 중국과 거래할 수 있는 방법을 찾자는 생각이다. 사실 정부 차원에서 나서도 쉽게 풀 수 있는 문제는 많지 않다. 그래도 정부의 다양한 대화 채널을 활용하면 문제를 풀 수 있는 방법을 찾을 수도 있다.

유럽과 일본이 뒤늦게 반도체 전쟁에 뛰어든 것은 더 많이 얻기 위해서보다는 더 이상 잃지 않기 위한 목적이 강하다. 미국과 중국의 움직임과 달리 유럽과 일본은 반도체 전 분야를 하려는 것이 아니라 자신들이 잘하는 분야를 더 잘하고자 하는 분명한 의지를 갖고 있다. 이런 노력에도 불구하고, 과거 반도체 산업을 주도하다 기술 혁신 경쟁에서 뒤진 유럽과 일본이 다시 선두 주자로 부상할 가능성은 여전히 낮다.

미국과 중국의 노력에 더해 유럽과 일본의 움직임을 함께 봐야 하는 분명한 이유가 있다. 첫째, 유럽과 일본을 포함해야 미국과 중국의 반도체 전쟁의 복잡 다양성을 이해할 수 있다. 미국과 중국의 싸움에서 시작했지만 양국 간의 싸움은 돌고 돌아 글로벌 반도체 시장 전체를 바꿔놓고 있기 때문이다. 미국과 중국이 서로 줄을 세우면서 나타나는 합종연횡은 또 한번 반도체 시장을 바꿔놓을 것이다. 둘째, 미중 갈등의 틈바구니에서 전략적 선택을 하는 유럽·일본의 모습을 보고 배울 수 있다. 우리나라는 유럽과 일본의 움직임을 참조하여 반면교사로 삼아야 하며 그럴 가치가 충분하다.

중국 기업의 투자에 대해서는 유럽과 일본은 약간 입장 차이가 있다. 유럽은 중국의 투자를 용인하고 있다. 다른 말로 하면 정부는 나서지 않고 기업의 판단에 맡긴다는 것이다. 그래서 중국 Wingtech의 영국 회사 Newport 인수 시도가 가능한 것이다. 일본은 안보 이슈로 중국 기업의 반도체 분야를 틀어막고 있다. 일본의 경제산업성은 외국인이 무기, 항공기 등 민감 품목에 투자할 경우 사전 승인을 받도록 했다. 외국기업이 상장 회사 지분을 1% 이상 인수할 경우 사전 승인을 받도록 규제를 강화했다.

## 유럽:
## 늦어도 뚜벅뚜벅 가겠다

반도체 육성에서 유럽과 일본은 뚜렷히 다른 입장을 보이고 있다. 이는 각자 잘하는 분야가 다르기 때문이다. 먼저 유럽이다. 가장 시급한 것은 대형 팹을 역내에 신설하는 것이다. 10nm 이하의 첨단 팹보다는 유럽이 잘하는 자동차와 전력용 반도체를 생산할 대형 팹이 필요하다. 실제 유럽은 글로벌 반도체 비중에서 차량용은 32%, 전력용은 48.5%를 생산하고 있다. 특히 자동차 산업은 유럽에서 절대적인 위치를 점하고 있다. GDP의 7%, 노동 시장 일자리의 6.7%, R&D 지출의 29%를 차지한다.

EU는 반도체를 포함한 디지털 육성을 위해 2021년 3월 '2030 Digital Compass'을 발표하고 1,450억 유로의 예산을 책정했다. 하지만 디지털을 포함하는 반도체가 아니라 반도체 자체에 대한 정책의 필요성이 부각되며 오랜 진통 끝에 2022년 2월 EU판 반도체법이 세상에 그 모습을 드러냈다. 이번에는 반도체 지원을 구체화하며 2030년까지 430억 유로를 지원하겠다는 웅장한 계획을 밝혔다. 정식 명칭은 '유럽 반도체 생태계 강화를 위한 규정Proposal for a Regulation of the European Parliament and of the Council establishing a framework of measures for strengthening Europe's semiconductor ecosystem'이다.

이런 정책은 EU 내 대표적인 반도체 기업들의 CEO들이 공동으로 보고서Boosting electronics value chains in Europe를 제출한 2018년 6월이 시발점이 됐다. 이들의 절박한 목소리는 굼뜬 EU를 움직이기에 충분했다.

보고서에 참여한 면면도 화려하다. 유럽을 대표하는 ST Micro, Infineon, ASML의 CEO들이 총출동했다. 이들의 메시지는 간단하다. "디지털 혁신에 낙오되면 미래는 없다. 유럽 회원국들이 각자의 장점을 살리되 대규모 반도체 투자에는 함께하자."

미국의 과학 기술자문위원회PCAST의 2017년 보고서만큼이나 울림이 크게 나타났다.

유럽을 움직이게 만든 과정에는 정치인의 노력도 빼놓을 수 없다. 2020년 12월 유럽이 반도체에서 주도권을 회복하자는 취지로 EU의 22개 회원국이 '반도체 육성'에 동참했다. 산업화에는 빨랐지만 정보화에 뒤진 유럽의 경쟁력을 높이자는 취지이다. 뒤늦게나마 유럽의 현실을 자각한 측면도 강하다. EU 차원과 더불어 개별 국가들이 나서면서 각 국가와 기업들은 반도체에 대한 투자를 늘릴 추가 동력을 확보하게 됐다. 기존 EU의 굼뜬 의사 결정 과정을 지켜본 사람들은 완전히 새로운 EU를 목격하고 있다.

**Boosting Electronics Value Chains in Europe**

A report to Commissioner Gabriel

19 June 2018

유럽 반도체 부흥을 위한 보고서 표지

큰 방향성이 정해지자 기업의 움직임은 빠르게 가시화되고 있다. 우선 차량 전장 산업을 하고 있는 Bosch가 움직였다. EU에서 보조금2.4억 달러을 받고 독일 드레스덴Dresden에 12억 달러 규모의 팹을 2021년 6월 완공했다. 인텔도 EU 내 생산 거점을 마련하기 위해 발 빠르게 움직이고 있다. CEO인 팻 겔싱어는 독일에 대형 팹 투자 의향을 밝히며 100억 달러의 보조금을 달라고 공식적으로 요청하고 있다. 세계 1위 파운드리 업체인 TSMC도 독일에 첨단 팹을 지을 것이라는 의사를 밝히며 분주히 움직이고 있다.

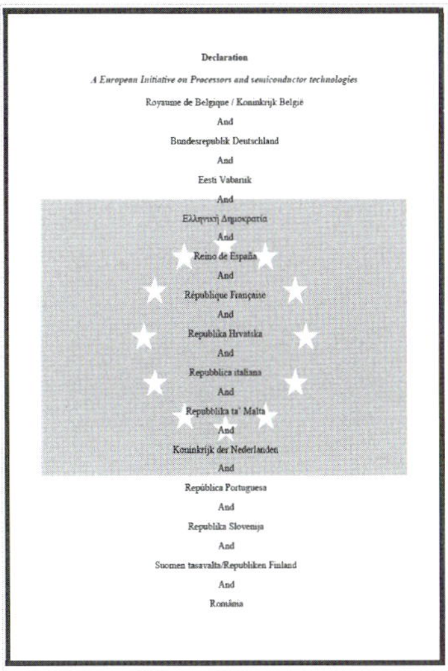

**Declaration**

*A European Initiative on Processors and semiconductor technologies*

Royaume de Belgique / Koninkrijk België

And

Bundesrepublik Deutschland

And

Eesti Vabariik

And

Ελληνική Δημοκρατία

And

Reino de España

And

République Française

And

Republika Hrvatska

And

Repubblica italiana

And

Repubblika ta' Malta

And

Koninkrijk der Nederlanden

And

República Portuguesa

And

Republika Slovenija

And

Suomen tasavalta/Republiken Finland

And

România

유럽의 반도체 육성 선언 표지

R&D도 빼놓을 수 없다. 유럽의 R&D는 IPCEIImportant Projects of Common European Interest 프로그램과 IMECInteruniversity MicroElectronics Centre을 통해 진행된다. IPCEI이 범유럽 프로그램이라면 IMEC은 글로벌 프로그램이다. 1984년 출범한 IMEC은 벨기에를 기반으로 반도체 관련 글로벌 협업을 지향하며 오늘에 이르고 있다. 유럽에만 특화된 프로그램이 아니라 누구나 참여할 수 있는 오픈형 기구이다. 100여 개의 국적을 가진 4,000여 명의 연구자가 과제에 참여하고 있다.

사실상 범유럽 연구 개발을 총괄하는 IPCEI 중심으로 살펴보자. 반도체를 육성하기 위한 IPCEI 프로그램IPCEI on Microelectronics은 2018년 12월 설립됐다. 이에 앞서 배터리와 수소에 특화된 프로그램은 이미 운영 중이다. 위에서 언급한 2018년 6월 반도체 기업 CEO들의 보고서가 결정적인 역할을 했다. 반도체 IPCEI 프로그램은 유럽 차원에서 시드 머니를 투자하고 참여하는 국가와 기업들이 자본을 출연하는 방식으로 운영된다. 현재 5개 국가영국, 프랑스, 독일, 이탈리아, 오스트리아가 19억 유로를 출자했으며 참가한 32개 기업이 61억 유로를 투자해서 운영하고 있다.

IPCEI 프로그램은 장기적인 연구 개발 과제이며 5개 분야로 나뉘어 있다. 에너지 효율 반도체, 전력 반도체, 센서, 첨단 광학 장비, 복합 소재 등에 집중한다. 앞의 네 가지 분야는 주로 현재 EU가 잘하고 있어 더 잘하자고 하는 분야이다. 특히 주목할 것은 SiC탄화규소, GaN질화갈륨 등 복합 소재 분야이다. 이들 소재는 자동차용, 전력용 등에 널리 사용될 것으로 예상되는 새로운 소재들이다. 참여하고 있는 기업의 면면도 화려하다. ST Micro, Infeneon 등 유럽을 대표하는 반도체 기업들을 총망라하고 있다.

유럽의 3대 반도체 업체이며, 차량용 반도체와 전력 반도체의 강자인

**IPCEI의 반도체 관련 5개 분야 참여 기관**

| 1. 에너지 효율 반도체 | 2. 전력 반도체 | 3. 센서 | 4. 고급 광학 장비 | 5. 복합 재료 |
|---|---|---|---|---|
| CEA-Leti | 3-D Micromac | CEA-Leti | AMTC | AZUR Space Solar Power |
| Cologne Chip | AP&S International | CorTec | Carl Zeiss* | CEA-Leti |
| Globalfoundries | CEA-Leti | Elmos Semiconductors | | Integrated Compound Semiconductors |
| Racylcs | Elmos Semiconductors | Fondazione Bruno Kessler | | IQE* |
| Soitec* | Infineon* | Infineon | | Newport Wafer Fab |
| ST Microelectronics | MURATA | Robert Bosch* | | SPTS Technologies SK |
| X-FAB | Robert Bosch | ST Microelectronics | | OSRAM |
| | SEMIKRON | TDK-Micronas | | Sofradir |
| | ST Microelectronics | ULIS | | Soitec |
| | X-FAB | X-FAB | | ST Microelectronics |

주: *는 코디네이터 기관

자료: 오태현(2021), KIEP

NXP는 주로 미국에서 사업을 하고 있어 유럽 공동 협의체에서는 빠져 있는 것이 눈에 띈다. 각 국가들이 반도체 육성 분야로 꼽고 있는 최첨단 공정 관련 분야, 패키징 관련 분야가 빠져 있는 대신 실리콘 웨이퍼를 대체하기 위한 복합 소재를 강조하는 것도 주목할 만하다.

유럽 차원의 반도체 규제 정책은 27개 회원국의 의견을 조율하기가 만만치 않음을 여실히 보여주고 있다. 미국과 일본에 비해 한참 늦은 2023년 6월이 되서야 경제 안보 전략이 발표됐다. 경제 안보 전략을 구현하기 위한 핵심 과제는 2024년 1월 정책 패키지 형태로 세상에 모습을 드러냈다. 형식상 역내 외국인 투자, 수출, 해외 투자 등에 대한 EU 차원의 목소리를 반영했다. 그러나 정책 패키지의 실천을 담보할 수 있는 강제성이 부족해 한계로 지적된다. 표면적으로 유럽에서는 EU 차원의 규제와 개별 국가단위의 규제라는 2가지 규제가 시행된다고 보면 된 다.

### 유럽 경제 안보 전략 Structure

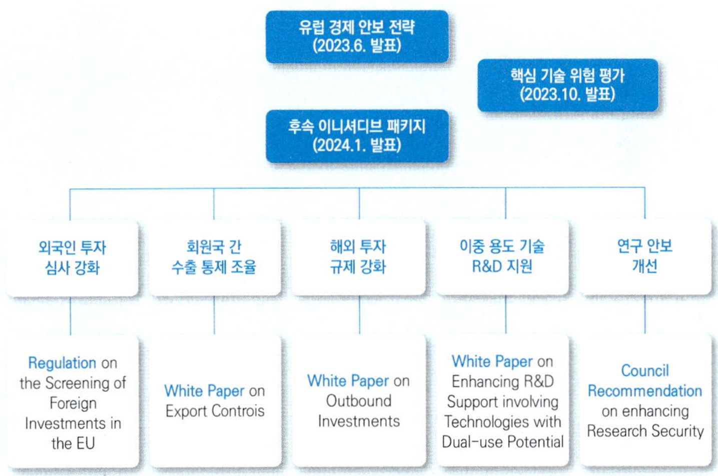


자료: 장영욱, 오태현, 이현진(2024), KIEP

# 일본:
# 반도체 르네상스를 재현하겠다

일본의 반도체 육성은 미국, 중국, 유럽보다 늦게 시작했지만 상당히 매섭게 진행되고 있다. 일본 사회가 공식적으로 반성하며 뭔가를 시작하는 모습은 거의 찾아보기 힘든 게 현실이다. 그런데 반도체에서는 예

**일본 정부의 반도체 전략 보고서 표지**

経済産業省

半導体戦略（概略）

2021年6月

経済産業省

자료: 일본 경제산업성(2021)

외적인 모습이다. 미국과 중국의 반도체 갈등이 정점을 지나는 시점인 2021년 6월 경제산업성우리나라의 산업통상자원부이 소리소문 없이 전격 등장한다. 역시 일본은 예상대로 움직인다. 다른 나라에서는 자문 기구나 싱크탱크가 전면에 등장했다면 일본은 공무원의 나라답게 정부 부처에서 두꺼운 서류 봉투를 들고 카메라 앞에 섰다.

"이러다가 메이드 인 재팬 반도체가 사라질 것이다. 이때까지 잘못한 것을 인정하겠다. 완전히 새롭게 시작하겠다".

극적이면서도 처절한 목소리가 묻어났다. 일본의 반도체는 이렇게 새로운 시작을 알리며 우리 곁으로 왔다.

일본 스스로 반도체 몰락의 원인을 5가지로 정리했다. (1) 1980년대 미국과의 무역 마찰, (2) 설계와 생산이 분리되는 시점에 일원화 생산 고집, (3) 디지털 전환에 뒤쳐짐, (4) 일본 기업들만 같이하는 독자주의의 함정, (5) 국내 투자의 축소 등이다.

일본의 새로운 접근법은 정확히 반도체 몰락의 원인에서 출발한다. 미국을 비롯한 유럽, 대만과 협력하고, 오픈 이노베이션 기조 아래 외국 기업과 일본 내 생태계를 강화하는 방법을 선택했다. 한마디로 일본 내 판을 깔아줄 테니 관심있는 기업이면 국내외를 가리지 않고 무조건 받아들이겠다는 생각이다. 이 과정에서 특히 미국 정부와의 협력에 공을 들였다. 2022년 CHIPS Act에 의해 새로 출범하게 된 NSTCNational Semiconductor Technology Center와 협력을 확정하며 일본은 미국 정부 차원의 우군을 얻게 되었다. NSTC와 협업을 위해 일본도 이에 상응하는 LSTCLeading-edge Semiconductor Technology Center를 설치하기에 이른다.

이런 일련의 과정이 순탄하게 진행되자 일본 정부는 용기를 내어 반도체 육성 내용을 촘촘히 하고 2030년까지 구체적인 로드맵을 그리는 새로운 정책 청사진을 2023년 6월 선보였다.

그럼 일본은 어떤 비즈니스를 하고 싶어서 이런 그림을 그리고 있는 것일까? 크게 보면 일본이 잘하는 소재/장비 분야의 경쟁력을 유지하고, 일본의 아픈 손가락과 같은 파운드리에 재도전하는 것이다.

먼저 소재/장비 분야이다. 일본의 반도체 정체성은 소재 · 장비에서 찾을 수 있다. 각각 글로벌 2위를 차지한다. 소재면 소재, 장비면 장비 분야에 특화된 다른 국가들과 달리 소재와 장비의 양쪽에 걸쳐 경쟁력을 가진 나라는 일본이 유일하다.

소재와 장비 중심의 반도체 가치 사슬Value chain은 무슨 의미일까? 일본의 소재 · 장비에 대한 노력은 현재 미세 가공 이상의 최첨단 공정, 3D패키징 등 두 마리 토끼를 잡는 방향으로 진행된다.

먼저 최첨단 공정에 필요한 소재/장비이다. 미세 공정의 기술 한계에 대한 이야기를 많이 하지만 여전히 최첨단 미세 공정은 중요하다. 일본은 최첨단 미세 공정에 필요한 소재·장비 개발을 위해 여러 회사가 함께 하고 있다. '첨단 반도체 제조 기술 컨소시엄'은 산업기술종합연구소National Institute of Advanced Industrial Science and Technology, AIST를 중심으로 TEL장비, Screen세정, Canon리소그래피 등 3개 회사가 참여하고 있다. TSMC, 인텔, IBM 등 외국 기업은 업저버로 참여하고 있다.

3D 패키징에 필요한 소재·장비 개발은 최근 들어 주목을 받고 있는 분야이다. 최첨단 공정이 물리적 한계에 도달하면서 성능 개선을 위해 선택한 것이 3D 패키징이다. 이 역시 컨소시엄 형태로 운영하고 있다. 시작은 TSMC 주도의 컨소시엄이다. 파운드리 1등 기업과 협업을 놓치지 않으려는 20여 개의 일본 기업들이 참여하고 있다. 시제품을 만들 수 있는 파일럿 공장도 갖고 있어 제품 양산에 필요한 시간을 줄일 수 있다는 장점을 갖고 있다. 일본 기업 독자적인 컨소시엄인 'JOINT 2'도 운영되고 있다. 일본에서 내로라하는 13개 기업이 참여하고 있는데 TSMC와

### 소재·장비 컨소시엄 및 참여 기업

| 컨소시엄 | 참여 기업/기관 |
| --- | --- |
| TSMC 컨소시엄 | Asahi Kasei, Ibiden, Disco, Fuji film, Hitachi, JSR, Keyence, Mitsui Chemicals Nagase, Nitto, Nippon Electric Glass, Resonac, Shibaura mechatronics, Shinetsu, Shimadzu, Shinko, Sumitomo, Sekisui, Toray, Tok, AIST, Raas, Tokyo university |
| 일본 독자 컨소시엄 (JOINT 2 ) | Ajinomoto, Dai Nippon Printing, Disco, Ebara, MEC, Namics, Ohka, Orc, Panasonic Smart Factory Solutions, Resonac, Shinko, Uyemura, Yamaha Robotics |

자료: 언론 종합

TSMC는 일본의 구마모토에 2024년 가동을 목표로 공장을 짓고 있다. 사진은 TSMC, 소니, 덴소가 공동 출자한 합작 법인 JASM(Japan Advanced Semiconductor Manufacturing)이다. '구마모토에서 세계로. 세계적 반도체 수요 증가에 대응하는 리딩 컴퍼니'라고 적혀 있다.
자료: 일본 언론(2022)

의 경쟁 구도에서 어떤 역할을 하게 될지 주목된다.

문제는 개발된 소재 · 장비를 테스트하기 위한 대형 팹이 부족하다는 것이다. 일본의 반도체 부활을 위한 동반자로 TSMC에 공을 들이는 이유이기도 하다. 반도체 소재 · 장비는 한번 설치가 되면 같은 소재 · 장비를 다른 공장에서 지속해서 사용하는 특성을 갖고 있다. 초기에 시장을 선점하면 상당한 기간 동안 계속해서 그 시장을 독차지할 수 있다는 것이다. 일본 정부가 외국 기업인 TSMC를 중심에 놓고 일본의 소재·장비 회사와 연결된 계획을 발표한 것은 처음이다. 그만큼 일본 정부가 급했다는 것을 반증한다.

실제 많은 사람들이 긴가민가하는 분야가 일본의 파운드리 도전이다. 일본 첨단 파운드리 도전의 기수는 2023년 출범한 라피더스Rapidus라는 신생 회사이다. 회사 이름은 '속도'를 의미하는데 그만큼 일본이 급하다는 것을 반증하는 것이 아닐까? 그러나 참여자 면면은 일본을 대표하는 생산자, 소비자, 금융을 조합한 최정예 회사이다. 출자한 8개 회사는 키옥시아, 소니, 소프트뱅크, 덴소, 토요타, 일본전기, 일본전신, 미쯔비시 UFJ이다. 국제 협력도 신생 회사가 아닌 일본의 대표 기업으로 대우받고 있다. 미국의 IBM, 유럽에서는 글로벌 R&D 기지인 벨기에의 IMEC과 EUV의 절대 강자인 네덜란드의 ASML이 협력 회사로 이름을 올리고 있다. 반도체의 어벤저스 군단이라고 불러도 과언이 아니다.

그러나 라피더스를 보는 시선은 크게 두 갈래로 나뉘어 있다. 일본의

2022년 12월 라피더스와 IBM은 '차세대 반도체 개발 협약'을 맺은 뒤 반도체 웨이퍼를 들고 기념촬영을 했다.
자료: 일본 언론(2022)

도박이냐 새로운 게임 체인저냐, 2025년이면 평가가 끝날 것이다. 현재 파운드리를 이끄는 TSMC와 삼성전자가 2nm 기술 상용화의 로드맵을 발표한 시기이기도 하다. 일본의 도박이라는 관점은 간단하다. 일본이 40nm기술 장벽에 가로막혀 있는데 2025년 2nm 제품 시제품, 2027년 2nm 양산은 반도체 생산의 기본을 아는 사람이라면 말이 안 된다는 것이다. 반대 의견도 만만치 않다. 미국이 나서서 일본을 도와주겠다는 전제는 일본의 모든 단점을 극복하고도 남을 정도의 큰 역할을 할 것이라는 입장이다. 2025년이 되면 현실과 이상이 판가름 나겠지만 성공하면 대박이고, 실패해도 큰 손해는 없다. 이 과정에서 공정에 필요한 소재/장비는 일본 제품이 상당한 경쟁력을 확보할 수 있다. 일본 정부 입장에서는 해볼 만한 선택으로 보인다.

새로운 반도체 정책이 만들어 갈 산업 지형에 대해서 의구심을 갖고 있는 사람이라도 인재 확보/육성이 포함된 일본 정책에 대해서는 다들 후한 평가를 주고 있다. 산업 육성 의지만 다앙하게 늘어놓던 과거 산업 정책과 완전히 결별한 일본의 새로운 면모일지도 모른다. 이를 상징하는 사건은 일본 반도체의 살아 있는 전설인 구로다 타다히로黒田忠宏의 전면 부상을 꼽을 수 있다. 2019년 구로다 교수가 토쿄 대학으로 이적한 것도 일본 투자를 망설이던 TSMC의 요청에 따른 것이다. 또한 그는 일본이 국가차원에서 육성 중인 신설 연구 기관인 LSTC에서도 핵심 역할을 하고 있다.

구로다 교수 같은 한 사람이 모든 역사를 만들기는 어렵다. 물론 일본의 반도체 인재 육성에 대한 마중물이라는 큰 역할을 할 수 있다. 반도체를 다시 정상으로 끌어올리고자 하는 일본 정부 입장에서도 인재 문제는 쉽게 풀기 어렵다. 일본 스스로 향후 10년간 약 4만여 명의 반도체 인력이 부족할 것으로 추산하고 있다. TSMC의 생산 시설이 집중적으로 들어서는 일본의 남쪽 큐슈九州의 경우 연 천 명 정도 부족할 것으로 보고 있다. 인재 육성, 연구 개발의 한 축을 책임지는 일본의 대학들도 바빠졌다. 특히, LSTC에 참여하는 '6龍' 대학인 토쿄大, 토호쿠大, 토쿄공업大, 쯔쿠바大, 오사카大, 나고야大의 활약이 주목된다. 일본의 문부과학성도 대학들의 움직임에 힘을 보태고 있다. 지역 거점 국립 대학을 중심으로 2030년까지 250개 대학에 반도체학과를 신설, 엔지니어를 육성하기로 했다. 실제로 2024년에 일본에서는 처음으로 구마모토 대학이 반도체학과를 만들어 80명의 신입생을 뽑았다. 구마모토 지역이 TSMC의 투자로 인력 수요가 집중되고 있는 점을 고려한 것으로 보인다. 기업들의 움직임도 빨라졌다. 글로벌 5위권 반도체 장비업체인 도쿄일렉트론TEL은 2023년 기술 직군의 연봉을 20% 이상 인상하며 공격적으로 인재 쟁탈전에 본격 나섰다. IT 인재가 풍부한 인도 인력을 활용하기 위한 다양한 논의가 기업과 정부 단위에서 진행되고 있기도 하다. 2017년부터 시작된 반도체 전쟁이 어디에 투자할지에 대한 1차 투자 전쟁이 마무리되는 시점에 제품과 서비스를 만들어 갈 인재에 대한 2차 전쟁으로 변화되고 있다.

사실 일본의 반도체 재진입과 미국과의 협력은 역사적 아이러니이기도 하다. 1980년대 미국은 일본의 반도체를 무지막지하게 공격하면서 일본의 반도체 전성기가 막을 내렸다. 그렇게 원수지간이던 두 나라가 거의 40년만에 옛날 일은 묻어두고 만면에 웃음을 띄고 카메라 앞에 두 손을 맞잡고 나오고 있다. 미국과 중국이 갈등하는 국제 관계가 없었다면 불가능한 그림일 것이다. 과거 냉전 시대와 마찬가지로 국제 사회가 진영 갈등이 첨예하면 할수록 일본의 지정학적 가치가 높아지는 역사의 되풀이로 볼 수 있다. 일본은 이 지점을 정확히 파악하고 영리하게 접근하고 있는 것이 아닐까?

반도체 분야에서 일본의 규제는 미국을 모방하고 있다. 규제의 대상은 중국이며, 미국이 진행하고 있는 역내 투자, 수출 규제를 그대로 답습하고 있다. 물론 정책 시행에는 시차가 존재한다. 미국이 먼저 하기 때문에 눈치 보지않고 따라하면 되는 쉬운 선택이다.

일본 정부는 2020년 4월 역내 외국인 투자를 제한하는 규정을 전격 발표한다. 외국환 및 무역법Foreign Exchange & Foreign Trade Act, FEFTA이 그 주인공이다. 원래 이 법은 1949년 제정됐는데 일본의 필요에 의해 새로운 얼굴을 하고 나타난 것이다. FEFTA의 개정은 일본 기술이나 기업에 대

### 주식 취득 흐름도(상장사)

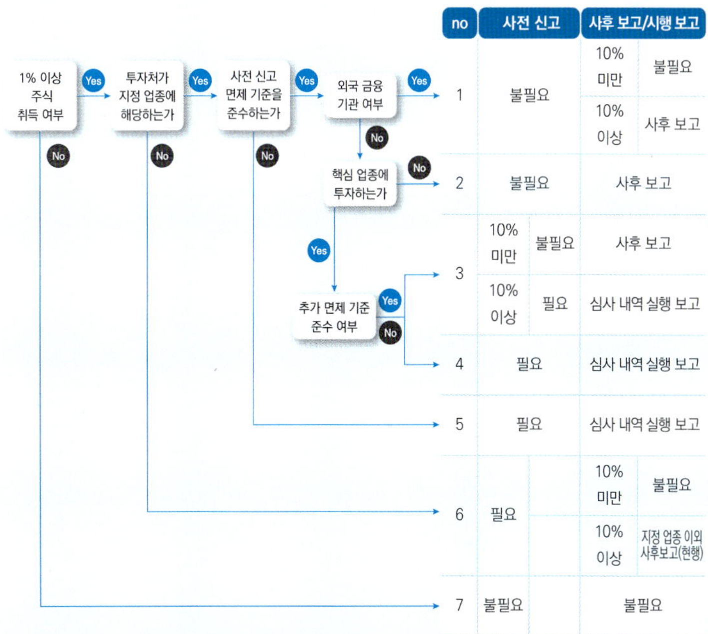


자료: 일본 재무성, Kotra (2020)

한 외국 기업의 접근을 막겠다는 강력한 의지의 표현이다. 이런 의지를 반영하듯 상장 기업 지분을 1% 이상 인수할 경우 사전 심사를 의무화했다. 기존에는 이 기준이 10%까지 허용돼 있었다. 이를 구체화하기 위해 일본 재무성은 상장 기업의 22.4%인 891개 기업을 핵심 업종으로 지정하고 관리하고 있다.

다른 나라와 비교할 때 일본이 외국인 투자 규제에서 단연 으뜸이다. 일본의 규제는 상장하지 않은 기업에 대한 규제까지 포함한다. 스타트업 투자나 우회 투자를 막기 위해 비상장 기업은 지분을 한 주라도 보유하려고 하면 사전 신고를 엄격하게 적용하고 있다. 그 결과 2021년부터 2023년 일본 내 반도체 분야 M&A에서 외국 기업은 극소수만 눈에 띈다. 그것도 일본 기업이 먼저 자발적으로 팔겠다고 시장에 내놓은 기업 거래만 허용됐다. 반대로 외국 기업이 목표로 하는 기업의 거래 성사는 어렵다는 뜻이다.

### tip 일본에 제2의 TSMC를 만들겠다

일본에서 반도체 투자 붐이 이는 것은 별개로 하더라도 TSMC의 움직임은 남다르다. TSMC는 원래 본사가 있는 대만 이외 지역에 투자한 역사가 없었다. 최근 들어 미국의 애리조나에 공장을 짓고 있는 것을 제외하면 거의 모든 생산 시설은 대만에 집중해 있었다. 그런 TSMC가 변하고 있다. 여전히 3nm 주력 공장은 대만에 있지만 공장, 디자인, R&D, 대학 협력 등 거의 모든 비즈니스 활동을 일본에서 전개하기 시작했다. 특히, 미래 기술을 상징하는 디자인 센터는 도쿄 인근의 요코하마에 이어 오사카에 2번째 시설을 계획하고 있다. 마치 일본에 제2의 TSMC를 만들겠다는 각오로 말이다.

TSMC가 일본에 집중 투자하기 시작한 시점은 2020년 전후이다. 미국과 중국의 반도체 긴장이 확대 재생산되던 시점이면서, 일본이 자국 내 반도체 육성을 내세우던 시점과 묘하게 겹친다. TSMC의 일본투자는 단순한 기업의 투자가 아니라 일본과 대만의 반도체 결합으로 볼 수 있는 이유이기도 하다.

최근 몇 년 사이 TSMC는 미국, 일본, 유럽 등에서 잇달아 공장을 신설하기로 했다. 반도체 시장이 국가나 기업 간 합종연횡이 진행되는 상황에서 대만 이외 지역으로 공장을 다변화하는 것은 리스크를 줄임과 동시에 기회를 다 잡겠다는 전략이다. TSMC의 일거수일투족에 관심을 가져야 하는 이유이기도 하다.

## TSMC의 일본 내 투자 현황

자료: 언론 종합

# 미국과 일본: 같으면서도 다르게

일본의 반도체 정책은 다른 나라들과 어떤 것이 같고 다를까? 이를 이해하기 위해서는 2018년부터 시행한 반도체 정책의 원조인 미국과 비교하는 것이 가장 효과적일 것이다. 먼저 반도체 정책의 주도 세력에서 명확히 차이가 난다. 주도 세력의 차이는 행정부의 정책 실행의 속도와 강도를 결정한다. 규제 정책은 법률 개정이나 수정이 필요하기 때문에 정치권의 주도 의지와 이를 구현할 역량이 상당히 중요하다. 더구나 경제 안보와 관련된 이슈일 경우 의회는 초당파적으로 속전속결로 관련 법안을 처리한다.

**반도체 정책의 주도 세력**

| 구 분 | 규 제 | 육 성 |
| --- | --- | --- |
| 미 국 | 의 회 | 반도체산업협회 |
| 일 본 | 의 회 | |

자료: 필자 정리

미국과 일본 모두 정치권의 속성을 반영하듯 규제 정책은 정치권이 주도했다는 것에는 이견이 없다. 그러나 반도체 육성 정책에서 미국과 일본은 큰 차이를 보인다. 미국의 특성상 특정 산업을 육성하기 위한 법안을 마련한다면 의회 내뿐만 아니라 의회 밖의 다양한 이해관계를 가진 사람들을 설득해야 한다. 법안의 내용에 보조금까지 포함된다면 의원들간 자신의 지역구로 공장을 유치하기 위한 로비도 만만치 않다. 미국 의회에서 반도체 육성을 위한 정책이 2020년 발의됐다는 것도 뉴스이고, 최종 결정이 2년 뒤인 2022년에 결정된 것도 뉴스이다. 이해관계자들을 설득하는 과정에서 반도체만 지원하는 것이 아니라 과학 기술까지 그 지원의 범위를 확대하면서 겨우 통과하게 됐다. 2022년 통과된 미국의 반도체 지원법의 이름이 CHIPS and Science Act가 된 이유이기도 하다. 충분히 미국 의회 내의 속사정을 반영한다고 할 수 있다. 이런 육성 정책도 여론의 눈치를 보기 바쁜 의회가 아니라 반도체 산업계의 연합체인 미국 반도체산업협회SIA에서 제기하면서 시작됐다.

SIA의 역사를 보면 흥미롭다. 1980년대 일본의 반도체 점유율 상승에 고민하던 미국의 반도체 업계 대표들은 미국 정부를 설득시킬 목적으로 SIA를 설립했다. 40여 년이 흐른 지금, SIA는 미국 정부를 상대로 반도체 육성을 위해 정부가 나설 이유와 명분을 제공하며 전면에 나섰다. 사실상 SIA가 미국의 반도체 역사를 만들고 있다고 할 수 있다.

일본은 미국과 달리 육성 정책도 의회가 주도하고 있다. 일본의 정치권은 일본 내 반도체 육성을 통한 자국의 공급망 안정화를 위해 의회가 먼저 나서야 한다는 굳은 믿음을 갖고 있다. "이대로 가만히 있으면 일본에서 반도체가 소멸할 수 있다". 일본의 반도체 부흥을 위해 일본 의회 내에 설립된 '반도체전략추진의원연맹'의 아마리 아키라 회장은 이렇게 일갈한다. 반도체의원연맹은 일본의 집권 여당인 자민당의 전현직 의원 100여 명으로 구성돼 있다. 정치권이 주도하게 되면 가장 큰 장점은 주변 눈치를 보지 않고 끌고 갈 강력한 추진 동력을 확보하게 된다는 것이다. 구체적으로 첫째, 장기적으로 끌고 갈 수 있기 때문에 반도체 퍼

주기 등 소모적인 논쟁을 미연에 방지할 수 있다. 또한, 해외 기업을 유치하고 보조금을 주는 등 기존에 없던 과감한 정책도 도입이 가능하다. 둘째, 확실하게 예산을 지원받을 수 있다. 정치권에서 예산을 듬뿍 안기기 때문에 행정부는 실행에만 집중하면 된다. 정부 관료들은 정책이 실패하더라도 정책 실패에 따른 책임 추궁에서 비껴날 수 있다.

주도 세력에 이어 규제의 실행에서도 미국과 일본은 차이를 보이고 있다. 전체적으로 미국이 먼저 시행하고, 일본은 이를 뒤따라 하는 식으로 진행된다. 가장 대표적인 규제는 외국인의 역내 투자 관련 내용이다. 외국인의 역내 투자 관련 미국의 대표적인 법률은 2018년 제정된 FIRRMA Foreign Investment Risk Review Modernization Act이다. FIRRMA 체제 아래에서 외국인의 투자를 실질적으로 제한할 수 있는 CFIUS Committee on Foreign Investment in the United States의 권한을 강화했으며, 이후에 행정 명

### 미일 역내 투자 규제 법규 비교

| 구 분 | 미국(CFIUS) | 일본(FEFTA) |
|---|---|---|
| 업 종 | • **TID(Technology, Infra, Data) 투자 제한 확대**<br>- **Tech(14개 업종)**: 바이오, AI, 극초음속 등<br>- **Infra**: 통신, 유틸리티, 에너지, 전기 등<br>- **Data**: 국가 안보 종사자의 개인정보를 취급하는 업종 | • **'지정 업종'에 대한 투자를 제한하고, '지정 업종'도 핵심 업종과 非핵심 업종으로 나눠 핵심 업종 투자를 보다 엄격히 제한**<br>- 핵심 업종: 반도체, 2차 전지, 바이오 등<br>- 非핵심 업종: 방송, 항공 등 |
| 지분 취득 | • **일반적인 업종인 경우 50% 이상 지분 인수를 할 경우에만 사전 신고 의무화**<br>• TID 지분 인수 시 50% 이하 지분을 인수할 경우에도 사전 신고 강화 | • **상장 회사의 경우 1% 이상 지분 취득 시 사전 신고를 강화**<br>• **非상장 회사는 1株라도 취득 시 사전 신고 의무화**<br>• 투자 축소에 대한 우려를 해소하기 위해 사전 신고 면제 제도를 시행 |
| 토지 거래 제한<br>(별도 규제) | • 미국의 주요 군 기지 및 기타 민감한 국가 안보 시설에 인정한 토지의 매입/임대/양도 제한 | • 일본의 군사 및 원자력 관련 시설 주변 토지 취득을 엄격히 제한 |

자료: Kotra·법무법인(유) 광장 국제통상연구원(2023), Kotra(2020)

### 미일 역내 투자 규제 업종 비교

**미국 규제**

**첨단 기술**
(CFIUS, 2018년)

- Biotechnology
- Artificial intelligence (AI) and machine learning
- Position, Navigation, and Timing (PNT)
- Microprocessor(반도체)
- Advanced computing
- Data analytics technology
- Quantum information and sensing
- Logistics
- Additive manufacturing (e.g., 3D printing);
- Robotics
- Brain–computer interfaces
- Hypersonics
- Advanced Materials
- Advanced surveillance

**일본 규제**

**핵심 업종**
(FEFTA, 2020년)

- Weapons
- Aircrafts
- Nuclear facilities
- Space
- Dual–use tech.

2020년 추가
- Medical substance
- Medical machine

2021년 추가
- Rare earth resource

2023년 추가
- Fertilizers
- Industrial robots
- Storage batteries
- Metals & Mineral products
- Metal 3D Printers
- Permanent magnets
- Semiconductor(반도체)
- Natural gas
- Marine equipment

자료: 미국 상무부, 일본 재무성

령을 통해 필요한 내용을 추가해 가고 있다. CFIUS를 통해 미국의 기술 리더십, 사이버 보안, 민간 데이터의 보호 등에 걸쳐 포괄적으로 외국인 투자를 심사할 수 있게 됐다. 기술 투자 제한 업종은 14개로 분류하고 있다. 외국인의 역내 투자 관련해서 일본은 2020년 기존의 외국환 및 무역법Foreign Exchange and Foreign Trade Act, FEFTA 개정을 통해 접근하고 있다. 미국보다 훨씬 엄격한 규제 내용이며 사실상 '일본 기업 인수는 포기하세요'라는 메시지를 주는 것으로 해석된다. 상장 기업의 지분을 1% 이상 인수하게 되면 사전 심사가 강화된다. 물론 자금 시장의 원활한 자금 수혈을 위해 경영권 인수 목적이 아닌 투자 수익을 위한 단순한 지분 투자는 비교적 폭넓게 개방하고 있다. '23년 말 현재 17개 업종에 대한 투자 제한을 시행하고 있다.

육성 정책의 가장 대표적인 모습은 투자에 따른 보조금 지급이다. 미국의 돈 뿌리기는 압도적이다. 2022년에 통과된 Chips and Science Act에서 첨단 팹 건설에 390억 달러를 지원하기로 명시했다. 2023년 12월 군사용 칩을 생산하는 BAE 시스템스에 3,500만 달러 지급을 시작으로 6개 회사에 340억 달러 이상의 보조금을 지급했다. 이 액수는 원래 지원 예정액에 거의 육박하고 있다. 보조금의 금액이 크지만 총 투자금 대비 보조금 비율은 낮은 편이다. 예를 들어, 삼성전자는 투자금 대비 보조금을 가장 많이 받는 것으로 알려졌는데 전체 투자 예정액 400억 달러의 16%64억 달러의 보조금을 받는 것으로 전해졌다. 미국 세금으로 조성된 보조금을 받는 만큼 혜택을 입는 기업들이 지켜야 할 조항은 우려스럽다. 1억 5천만 달러 이상 보조금을 받는 기업들은 초과 이익 공유, 중국 반도체 투자 제한 등 이행 조건도 만만치 않다.

### 미국의 보조금 지급 현황

- 2023년 12월 BAE 시스템스 3,500만 달러
- 2024년 1월 마이크로칩 테크놀로지 1억 6,200만 달러
- 2월 글로벌 파운드리스 15억 달러
- 3월 인텔 195억 달러
- 4월 TSMC 195억 달러
- 4월 삼성전자 64억 달러
- 4월 마이크론 61억 달러

자료: 언론 종합

## 미국의 반도체 보조금 주요 조건

**보조금을 1억 5,000만 달러 이상 받는 기업에 해당**

| 내 용 | 우려 사항 |
|---|---|
| 반도체 시설 접근 허용 | 기밀 유출 |
| 초과 이익 공유 | 기업 실적 타격 |
| 회계 자료 제출 | 고객사·영업 비밀 유출 |
| 중국 공장 증설 제한 | 중국 내 공장 보유 기업에 타격 |

자료: 조선일보 (2024)

일본은 미국에 비해 보조금의 절대적 액수가 적지만 보조금은 전체 투자금의 43%까지 지급하고 있다. 보조금을 받은 기업에는 미국과 달리 단순하게 2가지만 요구한다. 10년 이상 공장을 운영해야 하고, 긴급 상황이 생길 경우 생산 제품을 일본 내 우선 공급하도록 했다. 또한 일본은 단순히 대형 팹 건설에만 보조금을 주는 것이 아니라 미래에 필요한 R&D 기술 개발에도 보조금을 지급하고 있다. 이에 따라 TSMC의 클린룸을 갖춘 R&D 센터와, 삼성전자의 클린룸을 갖춘 R&D 센터도 거액의 보조금을 받았거나 받을 예정으로 알려졌다.

## 일본의 보조금 지급 현황

| 회 사 | 정부 지원(억엔) | | |
|---|---|---|---|
| | 총 투자금(a) | 보조금(b) | 보조금 비율(b/a) |
| TSMC(Foundry) | 1조 1,000 | 4,760 | 43% |
| KIOXIA(NAND) | 2,788 | 929.3 | 33% |
| MICRON(DRAM) | 1,394 | 464.7 | 33% |
| | 5,000 | 1,670 | 33% |
| KIOXIA(NAND) | 4,500 | 1,500 | 33% |

자료: 언론 종합

## '합종연횡'이라는 이름의 반도체 어벤저스

반도체 칩 하나가 만들어지기 위해서는 많은 국가들과 기업들이 맡고 있는 역할이 있다. 특별한 상황이 아니면 이런 역할을 바꾸기 위한 시도를 하지 않는다. 비용이 많이 들고, 비용이 들더라도 성공한다는 보장이 없기 때문이다. 그러나 2018년부터 시작된 미국과 중국의 반도체 전쟁은 이런 상식을 바꿀 정도로 역할 변화를 요구하고 있다. 현재 반도체 생산은 중국 진영과 미국 진영한국, 일본, 대만, 유럽 등으로 나뉘고 있으며, 그렇다고 완전히 연결 고리가 끊긴 것도 아니다. 기술의 미국과 시장의 중국이라는 개념은 그대로 유효하다. 물론 미국이 기술에 더해 시장까지 키우고 있고, 중국은 부족한 기술을 보완하면서 기술의 중국으로 나아가는 상황은 새로운 변화라고 할 수 있다. 서로의 이해관계에 따라 이합집산할 수 있는 합종연횡의 조건을 다 갖추고 있는 것이다.

미국 진영 내에서도 국가와 기업이 다양하게 연결돼 있다. 미국 내 투자한 해외 기업은 한국삼성전자, SK하이닉스, 대만TSMC이다. 일본에 투자한 기업은 미국마이크론, 대만TSMC이다. 유럽에 투자한 기업은 미국인텔,

GlobalFoundries, 대만TSMC이다. 이 가운데 가장 파괴력이 있는 연합의 형태는 미국-일본-대만의 삼각 협력이다. 삼각 협력은 반도체 설계 시장의 98%, 생산 시장의 55%, 소재와 장비의 75%를 생산한다. 3개 국가가 마음을 합하기만 하면 다른 나라 필요없이 반도체 생산 시장을 좌지우지할 수 있는 위치에 설 수 있다. 삼각 연합의 중심에는 일본이 있다. 먼저 일본은 2022년 5월 JUCIPJapan-U.S. Commercial and Industrial Partnership을 통해 미국과 '반도체 협력 기본 원칙'에 합의했다. 각자 반도체 생산 능력을 높이는 것과 긴급 사태 발생 시 반도체 협력 등의 내용을 포함하고 있다. 반도체에서 만큼은 미국과 일본이 강력한 파트너임을 대내외에 알린 것으로 해석된다. 중국을 견제하고 싶은 미국, 지정학적 장점을 살려 반도체를 다시 키우고 싶은 일본, 두 나라가 생각하는 바는 약간 달라도 각자의 이해관계에 잘 맞는 파트너가 된 것이다. 일본과 대만은 원래 반도체 분야에서 협력의 파트너이다. 대만 회사들은 일본 내 오래된 반도체 공장을 많이 인수해 왔으며, 일본의 대표적인 기업인 Sony는 이미지 센서 생산을 전량 TSMC에 맡기고 있다. 일본을 매개로 미국-일본-대만의 삼각 협력이 미중 갈등 사이에서 볼륨을 키우며 존재감을 드러내고 있다.

### 미-일-대만의 mini GVC 위상

| 구 분 | | 미 국 | 일 본 | 대 만 | Total |
|---|---|---|---|---|---|
| 팹리스 | | 81.8 | 0.0 | 16.3 | 98.1 |
| 팹 | 전공정 | 23.2 | 6.0 | 25.9 | 55.1 |
| | 후공정 | 20.0 | 0 | 49.7 | 69.8 |
| 소재 | | 0 | 56.6 | 22.3 | 78.9 |
| 장비 | | 53.1 | 23.6 | 0 | 76.7 |
| 파운드리 | | 6.0 | 0 | 66.6 | 72.7 |

* 2022년 기준 각 분야별 top 10기업의 본사 매출
자료: SK증권

생산뿐만 아니라 판매 시장에서는 노골적인 '내 사람 챙기기'가 나타나고 있다. 팀 플레이라는 명목 앞에는 어떤 논리도 통하지 않는다. 삼성전자, TSMC의 파운드리 아성에 도전한 인텔은 몇 년 뒤 나올 1.8nm 제품의 1호 기업을 '미국 기업' MS로 낙점했다.

AI 시대 고성능 데이터 센터에 필요한 HBM의 후발 주자인 마이크론은 '팀 USA'를 내세워 엔비디아와 HBM 협력을 강조하고 있다. 인텔, MS, 마이크론, 엔비디아 같은 기업들의 기자 회견에는 러몬드 미 상무장관이 단골 멤버이다. 기업 행사에 참가하는 상무장관의 역할은 간단하다. 팀 USA, 팀 USA… 정부가 구매하는 조달 시장에서는 노골적으로 Buy America를 내세운다. 가격이 비싸더라도 미국산 제품을 우선 구매하도록 강제하고 있는 것이다.

## tip 미중 반도체 갈등이 만드는 다가올 미래: 첨단은 미국, 레거시(Legacy)는 중국

미중 반도체 갈등과 각 국가들의 반도체 육성에 따라 2032년에는 반도체 판도가 많이 변할 것으로 보인다. 미국의 반도체산업협회SIA와 BCG는 주요 국가에 반도체 생산 공장이 들어서면서 미국의 생산 비중이 가장 드라마틱하게 변할 것이라는 결론을 내고 있다. 390억 달러 보조금 효과에 따라 글로벌 생산비중이 2022년보다 4%p 증가할 것으로 본다. 다른 국가들의 비중이 정체하거나 감소하는 데 비해 미국의 생산비중 증가는 가장 눈에 띈다. 미국의 자국 기업인텔, 마이크론 등의 노력도 중요하지만, 최첨단 기술을 가진 글로벌 선두 업체인 TSMC, 삼성전자의 투자에 따른 효과로 보인다. 이에 따라 10나노 이하의 첨단 반도체 분야에서 미국의 약진이 두드러진다. 현재 10나노 이하 첨단 반도체 생산은 한국과 대만이 주도하지만 2032년이 되면 미국은 대만47%에 이어 2위28%를 차지하고 한국은 3위로 밀려나게 될 것이다.

그러나 미국이 중국과의 반도체 전쟁을 시작하면서 내세운 명분인 '지정학적으로 위험한 동북아시아 지역에 반도체 생산의 과도한 집중' 현상을 해소하기는 역부족이다. 2022년 대비 2032년 한국, 중국, 대만의 글로벌 생산 비중은 2%p 하락하지만 여전히 60%를 육박한다.

지역별 생산 비중 변화

자료: BCG·SIA (2024)

레거시Legacy 반도체에서는 중국의 존재감이 두드러진다. 2032년 중국은 10~22nm 생산에서는 대만29%, 미국20%에 이은 3위19%를 기록한다. 그러나 2022년 대비 13%p나 점유율이 증가하면서 성장세 면에서는 단연 1등이다. 28나노 이상에서는 중국이 시장 점유율 37%를 차지하며 거의 독주하는 놀라운 성적표가 예상된다. 유럽과 일본도 보조금에 따른 투자 효과로 10~22나노 Logic 반도체 생산 비중이 늘어나는 것도 주목할 만하다.

**후공정 점유율 변화(%)**

| 구 분 | 2022년 | 2032년 |
|---|---|---|
| 중국 | 30 | 32 |
| 대만 | 27 | 23 |
| 말레이시아 | 7 | 9 |
| 베트남 | 1 | 8 |
| 미국 | 4 | 7 |
| 한국 | 9 | 5 |
| 필리핀 | 6 | 5 |
| 일본 | 6 | 3 |
| 태국 | 2 | 1 |
| 싱가포르 | 2 | 1 |

자료: BCG·SIA(2024)

미국의 제재에도 불구하고 중국의 글로벌 반도체 점유율이 높아질 것으로 보여, 미국은 상당 기간 중국에 대한 공세의 고삐를 놓지 않을 것이다.

한편, 미중 갈등에서 벗어나 있는 후공정에서는 동남아시아 국가들의 약진이 돋보인다. 물론 중국과 대만이 50% 이상을 점유하고 있지만, 베트남이 다크호스로 부상할 것으로 보인다. 이는 중국의 대체 생산 기지로서 베트남의 비교 우위가 부각되는 것과 맞물린다. 베트남을 포함하여 말레이시아, 필리핀, 태국, 싱가포르를 합친 동남아 5개국의 비중은 24%까지 높아질 것으로 보인다. 이는 2022년 대비 8%p증가된 수치다. 후공정에서 동남아로의 쏠림 현상은 점차 고착화될 것으로 보인다.

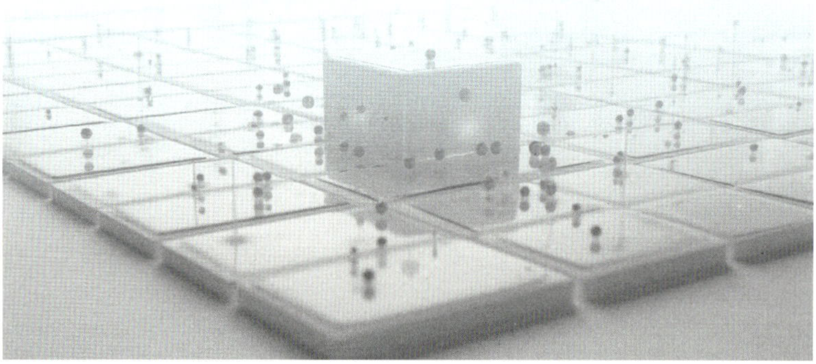

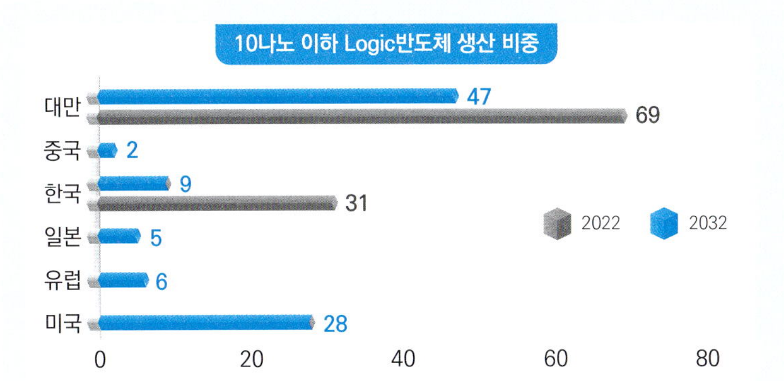


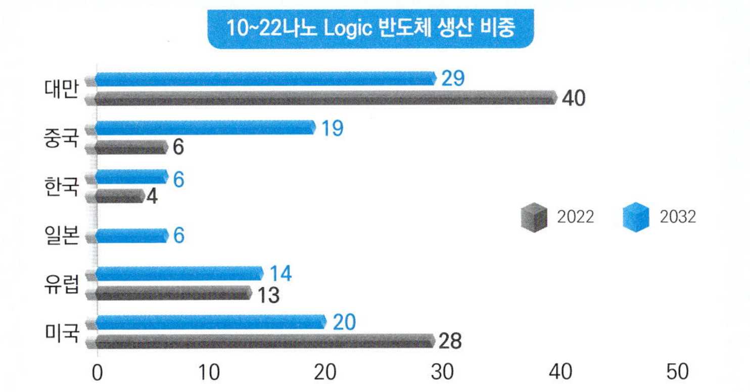


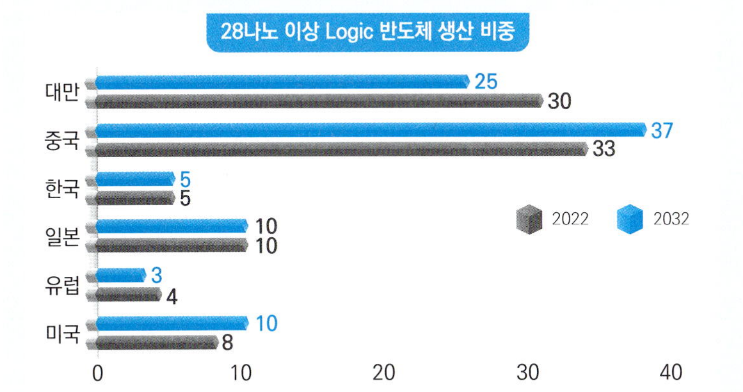


자료: BCG·SIA (2024)

# Chapter 3

## 디지털 혁명은
# 반도체에서
# 시작된다

Chapter

# 3

## 디지털 혁명은 반도체에서 시작된다

- 시대를 앞서가는 혁신가들은 반도체 마니아
- 새로운 공간, 디지털 놀이터
- 디지털 혁신에서 새로운 100년 기업이 나온다
- 디지털 Move 1 : 산업 간 경계가 없어진다
- 디지털 Move 2 : 의료계에 디지털 열풍이 상륙하다
- 디지털 Move 3 : 취업 시장마저 바꿔 놓는다.
- 디지털 Move 4 : 생산 라인에서 사람들이 사라진다
- 디지털로 가는 길은 미로 찾기
- 디지털은 반도체로 소통한다

# 시대를 앞서가는 혁신가들은 반도체 마니아

"인공 지능 시대,
엔비디아 말고 보이는 기업이 없다"

생성형 AI, 챗GPT라는 단어가 우리에게 익숙해지나 싶더니 엔비디아가 갑자기 우리의 일상에 쑥 들어왔다. 게임 마니아 사이에 엔비디아는 이미 널리 이름이 알려져 있다. 게임에 필요한 그래픽 카드인 GPU를 거의 독점 생산하기 때문이다. 많은 노트북에 인텔 Insider 로고가 붙어 있듯이 게임기에는 엔비디아 Insider 로고가 붙어 있다. 인텔이 모든 노트북을 생산하는 것으로 생각한 사람들은 엔비디아를 게임 회사로 생각하기도 한다. 게임에 특화된 기업으로 알려진 엔비디아가 인공 지능 시대의 선두 주자로 주목받고 있다.

과거를 보면 항상 시대를 끌어가는 혁신 기술이 있기 마련이다. 2000년대에는 애플의 아이폰이 나와 세상을 바꾸어 놓았었다. 휴대폰이 전화의 기능뿐 아니라 오락, 검색, 금융 거래까지 가능해진 혁명적인 사건이었다. 2020년대에 개막한 인공 지능 시대에는 또다른 무기를 기대한다. 넘치는 정보들을 내가 원하는 형태로 가공해서 내 눈앞에 보이면 좋겠다는 생각을 하는 것이다. 그러기 위해서는 머신 러닝 등으로 학습된 대용량의 정보들을 처리하기 위한 하드웨어가 필요하다. 기존의 CPU는 1개의 정보를 입력하면 1개의 결과 값을 내기 때문에 동시에 많은 정보를 처리하기 적합하지 않다. 게임에 많이 사용된 GPU의 원리는 동시에 여러 개의 정보를 처리하는 데 적합한 기본 원리를 갖고 있다. 생성형 AI, 챗GPT 등에서 쏟아져 나오는 거대 언어들을 처리하는 데 GPU의

**미국 시가 총액 순위 변화**

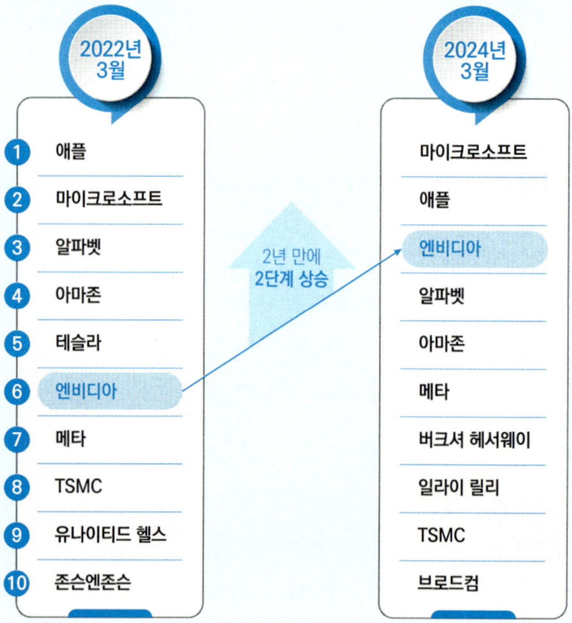


자료: 언론 종합

원리와 너무 궁합이 잘 맞는다는 것이 확인된 것이다. 상상 속에만 있던 인공 지능이라는 동물이 현실 세계로 나오기 위한 통로를 발견한 순간이었다.

엔비디아의 가치가 확인되자 시장의 모든 자금들이 엔비디아로 쏠리기 시작했다. 2023년 6월 시가 총액이 1조 달러를 넘어서더니 8개월 만인 2024년 2월에 시가 총액 2조 달러를 단숨에 넘어버렸다. 마이크로소프트, 애플 등 Big Tech 기업들의 시가 총액이 1조 달러에서 2조 달러로 성장하는 데 2년 정도의 시간이 걸린 경험과 비추어 볼 때 파격적이다. 엔비디아는 미국 내 시가 총액 순위에서도 2022년 6위에서 2024년 3위로 수직 상승했다. 이 과정에서 엔비디아의 주력 분야가 게임에서 데이터 센터용 칩으로 바뀐 것은 너무도 당연하다. 인공 지능 시대에 엔비디아를 빼놓고 이야기하기 어렵게 됐다. 이는 기나긴 Big Tech 기업의 새로운 이야기의 출발점이 되고 있다.

엔비디아의 독주는 메모리 반도체 생산의 생태계마저 바꿔 놓을 기세다. 엔비디아의 AI 칩이 제 성능을 발휘하기 위해서는 거대 정보를 저장할 반도체가 필요하다. 정보 저장에 특화된 DRAM을 활용한 HBMHigh Bandwidth Memory,

**엔비디아 실적 및 시가 총액 추이**

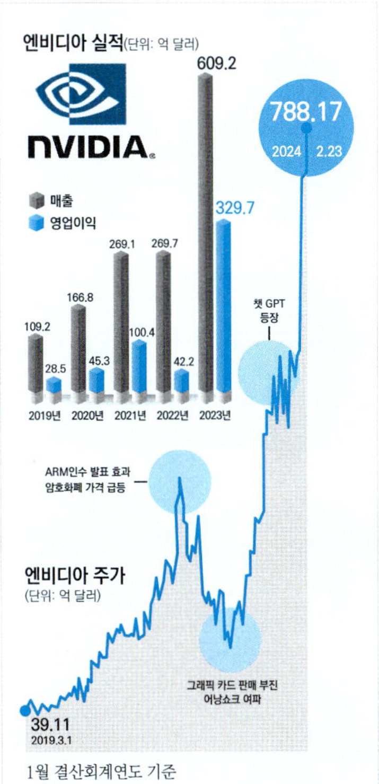


1월 결산회계연도 기준
자료: 엔비디아, 한국경제 (2024)

고대역폭 메모리이 주목받는 이유이다. HBM은 말 그대로 정보가 다닐 수 있는 통로를 확대한 고대역폭이라는 특징을 갖고 있다. 단순하게 보면 정보가 다닐 수 있는 통로가 비포장 1차선 도로에서 잘 포장된 4차선 아스팔트로 바뀐 것이다. 그러다 보니 AI가 확산될수록 향후 DRAM에서 HBM 비중이 기하급수적으로 늘 수 있다. DRAM 매출에서 HBM이 20%를 넘어 거의 절반을 차지할 날도 그렇게 멀지 않았다고 본다.

**전체 D램 시장의 HBM 매출 비중 추이**

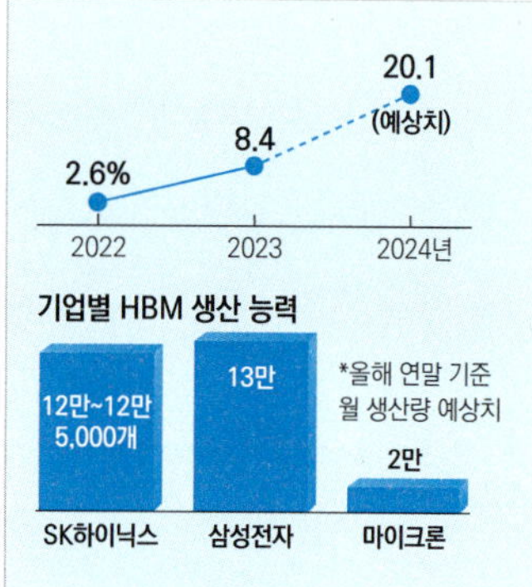


자료: 국민일보(2024), 트렌드포스

엔비디아에 항상 좋은 뉴스만 있는 것은 아니다. 엔비디아에 대적하기 위한 기업의 성장, 미국 정부의 수출 통제 등 여러 변수들이 엔비디아의 앞길을 막을 것이다. 결국 엔비디아를 괴롭히는 것은 중국 시장과 중국 기업이 될 것으로 보인다. 물론 엔비디아에 대적하기 위해 MS, 구글 등 여러 기업들이 연합으로 대적한다는 뉴스도 나오지만 그렇게 파괴력이 커지는 않을 것으로 보인다. 일단 승기를 잡고 표준을 장악한 이상 이를 바꾸기는 쉽지 않기 때문이다. 퍼스트 무버First Mover의 장점이 고스란히 반영되는 것이다.

엔비디아의 대표인 젠슨 황의 발언을 보면 엔비디아는 중국 이슈를 많이 거론하고 있다. 미국 정부는 중국의 AI 발전을 막는다는 명분으로 엔비디아의 A100같은 고성능 칩의 중국 수출을 막고 있다. 그러면 엔비디아에서 이보다 성능이 낮은 Down-grade 버전의 A800 같은 칩을 만들어 중국에 수출한다. 미국 정부가 다시 이를 막으면 엔비디아가 새로운 방법을 찾아 중국과의 연결 고리를 만든다. 그러나 이런 형태의 거래는 계속되기 힘들다. 미국 정부의 중국 견제라는 전제가 사라지지 않은 한 지속되기 힘들기 때문이다. 기업 간 경쟁에서 엔비디아는 중국의 화웨이를 가장 위협적인 존재로 보고 있다. 젠슨 황은 화웨이에 대해 "매우 무서운very formidable 경쟁자"라고 평가하고 있다. 실제 2024년에 발표한 연례 보고서는 엔비디아의 잔칫날인데도 불구하고 화웨이에 대한 두려움을 노골적으로 표현하고 있다. 하드웨어부터 소프트웨어까지 엔비디아의 경쟁 우위 영역에서 엔비디아의 최대 경쟁자인 화웨이의 약진을 경계하고 있다. 특히, 미국의 전방위적인 화웨이에 대한 견제에도 불구하고 화웨이가 7nm 기술 돌파가 현실화되면서 화웨이 뒤에 있는 중국 자체를 두려워하고 있다.

엔비디아 현상은 글로벌 경영학계에 새로운 학문적 화두를 던지기도 한다. GPU 시장에서는 압도적인 1위92% 점유와 꼴찌에 가까운 2위3% 점유만 있다. 일반적으로 Big 3 법칙은 메이저 3개 업체가 특정 업종의 70~80%를 차지한다는 것이 학계의 정설이다. 그런데 현재 상황은 양극화를 지나 초양극화가 진행되면서 시장의 독점화도 동시에 진행된다. 이 현상은 얼마나 오래 갈 것이며, 이 현상이 끝나는 지점에는 어떤 모습이 기다리고 있을지 궁금해진다.

**데이터 센터 GPU 점유율(%)**

자료: 한국경제(2024)

엔비디아의 전설을 써내려 가고 있는 젠슨 황은 엔지니어 출신이면서 엔비디아의 대표직도 수행하는 다재다능한 인물이다. 게임을 좋아해서 게임에 필요한 그래픽 카드를 만든 괴짜이기도 하다. 그는 궁극적으로 AI가 마음대로 뛰놀 수 있는 데이터 센터 같은 집을 짓고자 한다. AI의 대부가 되고자 하는 그의 꿈은 반도체가 있어야 꿈을 현실로 만들 수 있다. 그렇게 반도체는 시대의 혁신가들이 대놓고 구애하는 1등 상품이 되어가고 있다.

## 새로운 공간
## 디지털 놀이터

빅 데이터Big Data, 인공 지능AI, 메타버스Metaverse 삼총사가 디지털 세계를 종횡무진하고 있다. 우리는 이들 삼총사가 제공하는 서비스에 열광하며 디지털의 편리성, 똑똑함, 확장성에 고개를 끄떡이고 있다.

최근 몇 년 동안 빅 데이터, 인공 지능이라는 단어가 미래 혁신의 상징처럼 우리의 눈과 귀를 지배해왔다. 언론은 그 내용을 알리고 개인들은 혁신의 대열에 합류하기 위해 코딩까지 배우는 열성을 보이고 있다. 미래로 떠나는 열차에 한 자리라도 차지하기 위해 나름대로 주어진 영역에서 최선을 다하는 것이다. 최근 들어 메타버스가 빅 데이터와 인공 지능을 이어 새로운 혁신의 아이콘으로 떠오르고 있다. 사실 이는 우리가 빠른 혁신에 적응할 수 있도록 배려받은 느낌이다. 만약 메타버스, 인공 지능, 빅 데이터의 순서로 우리에게 다가왔다면 우리는 여전히 혁신의 늪에서 허우적거리고 있을지 모른다.

먼저 빅 데이터이다. 우리가 인스타를 하고, 문자 메시지를 보내고, 온라인에서 물건을 사고, 스마트폰으로 위치 정보를 보낼 때마다 막대한 디지털 정보가 만들어진다. 이런 디지털 정보는 모두 어딘가에 저장되기 마련이다. 한 사람이 생각하고 소비하는 정보들이 기하급수적으로 늘어나는 구조이다. 한 사람이 10명과 연결되고, 10명이 100명과 연결될 수록 데이터의 양은 감당하기 어려울 정도가 된다. 이런 데이터에서 의미 있는 내용을 찾아낼 수 있는 기업들은 성공에 한 발짝 다가서게 된다. 점點으로만 모여 있던 정보들을 꿰어서 개인과 집단의 행동 패턴을 미리 읽어내는 기업이 시장을 지배한다는 얘기다.

디지털 시대에 수많은 데이터를 얻을 수 있는 것은 큰 복이다. 개인이나 회사의 정보를 인공 지능이 학습하고 그 지능 수준이 사람과 근접하거나 추월하면서 인공 지능에 대한 관심도가 높아졌다. 2016년 알파고와 이세돌의 세기적 바둑 대결 덕분에 우리의 관심은 인공 지능으로 확 돌아섰다. 기계 앞에서 쩔쩔 매는 사람의 모습은 충격 그 자체였다.

알파고의 신기에 가까운 바둑 두는 기술은 빅 데이터가 있었기 때문에 가능했다. 바둑과 관련된 수많은 데이터를 익힌 인공 지능은 한마디로 천하무적이었던 것이다. 데이터를 학습하는 기술이 발전하면서 인공 지능의 영역은 빨리 분석하는 차원을 넘어서 날씨 같은 변덕스러운 내용을 예측하는 수준으로 발전하고 있다. 머지않아 경제 전망의 주도권이 사람에서 인공 지능으로 완전히 바뀔 수 있다는 생각에까지 이른다. 변수가 많아 많은 사람들이 어려워하고 있는 분야가 경제 전망이기 때문이다. 소설과 같은 창의적인 영역에서도 AI 작가가 창작 활동을 이어가는 시대로 빨리 옮겨가고 있다.

메타버스는 PC의 Web, Mobile의 App에 이은 새로운 공간의 탄생을 의미한다. 이론상으로 우리나라가 전 세계에서 공간을 가장 넓게 보유한 국가가 될 수도 있다. 메타버스가 탄생하면서 우리의 생활 공간이 무한대로 늘고 있다. 우리가 생활하는 물리적 공간이 아닌 디지털 세계

### 이세돌과 인공 지능의 세기적 바둑 대결

인공 지능은 공부를 많이 할수록 점차 똑똑해지고 있다. 바둑의 세계에서 인공 지능인 '알파고'가 인간을 압도하고 바둑 천재 이세돌은 괴로워하고 있다.
자료: cyberoro.com

에 현실 세계를 똑같이 구현하고 있다. 물리적 공간의 복제라는 의미에서 이를 '디지털 트윈'이라고 부르고 있다. 디지털 트윈이 현실의 복제품이 아니라 오리지널이 될 것이라는 전망도 나온다. 디지털 세상에 오리지널이 먼저 구축되고, 그걸 현실 세계에 똑같은 형태로 복제할 날이 온다는 것이다. 우리가 현실 세계인지 가상 세계인지 구분하는 경계선이 모호해지는 날도 머지않은 것 같다.

메타버스에 탑승하기 위한 기업 간의 경쟁도 치열해지고 있다. 페이스북Facebook은 회사 이름을 '메타'Meta로 바꿀 정도로 파격적인 변신을 하고 있다. 페이스북의 다양한 앱을 묶은 형태의 서비스를 할 예정이다. 마이크로소프트, 엔비디아 등 Big Tech 기업들도 메타버스에서 새로운 기회를 발견하고 있다. 마이크로소프트는 기존에 자사의 소프트웨어 파워를 기반으로 메타버스에서도 업무를 도와주는 Tool 위주로 사업을 준비하고 있다. 마이크로소프트의 사티아 나델라 CEO는 “모든 조직은 디지털과 물리적 공간을 통합하는 새로운 디지털 협업 구조를 필요로 한다”며 “앞으로 모든 비즈니스 프로세스는 데이터와 AI를 통해 협업하고 디지털과 물리적 세계를 연결하게 될 것”이라고 밝히기도 했다. 엔비디아는 그래픽 카드 칩의 강자를 기반으로 메타 공간에서 이를 어떻게 잘 구현할지에 대한 고민을 하고 있다.

메타버스는 IT 관련 기업만의 전유물이 아니다. ‘Just do it’ 광고로 유명한 나이키도 이 물결에 합류했다. 나이키는 가상 세계에서 디지털 상품을 판매하는 스타트업 ‘RT-FKT’를 인수했다. 존 도나호 나이키 최고 경영자는 “이번 인수는 나이키의 디지털 전환에 속도를 내는 또 다른 조치”라며 기대감을 표시했다. 나이키는 이미 가상 세계인 ‘나이키랜드’를 운영하고 있다. 고객들은 나이키랜드에서 각종 놀이를 즐기며 디지털 형태의 나이키 제품으로 자신의 캐릭터를 꾸밀 수 있다. 메타버스 플랫폼 구축은 IT에서 시작해 소비재 등 여러 업종으로 빠르게 확산되고 있다. 적과 아군을 구분할 시간도 없이 무한 경쟁으로 내달리고 있다.

**‘페이스북’이 ‘Meta’로 회사명 변경**

페이스북은 회사명 변경을 통해 자사의 다양한 앱(인스타그램, 왓츠앱, 메신저)과 기술을 새로운 하나의 브랜드로 통합하고자 한다.

자료: gadgetarq.com

메타버스라는 가상 공간에도 그 공간을 움직이는 사람이 빠질 수 없다. 어떤 공간이든 사람들이 있고, 이들이 만나고 서로 이야기를 나누고자 하는 기본적인 필요와 욕구라는 속성은 그대로 있기 때문이다. 2020년 12월 30일 우리에게 불현듯 나타난 ‘로지’는 영원한 22세의 AI 가상 모델이었다. 국내 최초 버추얼 인플루언서Virtual Influencer의 탄생이다. 로지는 생활 자체가 광고가 되면서 수많은 팔로워들을 끌어당기고 있다.

앞으로 디지털 트윈에는 우리가 사는 세상과 마찬가지로 볼거리, 먹을거리, 즐길 거리들이 우후죽순 등장할 것이다.

우리의 일상에서 데이터가 축적되고, 인공 지능이 어려운 문제를 풀어내고 해결 방법까지 제시하고, 가상의 공간에서 세상의 모든 호사를 누리는 세상이 눈앞에 다가왔다.

**AI 가상 모델의 등장**

국내 최초 AI 가상 모델 '로지'

디지털 삼총사는 반도체가 똑똑해지는 속도와 비례해서 발전한다. 특히, 정밀한 메타버스를 구현하기 위해서는 반도체가 뿌리와 같은 역할을 한다. 메타버스에서 우리는 눈에 보이는 콘텐츠, 게임 등을 먼저 떠올리지만 실제로 반도체가 있어 시차 없이 가상 세계 환경을 구축할 수 있다. 메타버스라는 열매를 맺기 위해 메모리, 비메모리, 5G 같은 기술적인 발전이 뿌리가 되고 있다. 뿌리가 튼튼해야 가뭄에도 흔들리지 않는다고 하지 않는가?

자동차 운전에서 내비게이션은 필수 장비이다. 내비게이션은 우리가 원하는 목적지까지 가는 데 도움을 주는 천리안 같은 존재이다. 이런 내비게이션도 순간적으로 통신 신호가 잡히지 않아 위험한 상황에 처한 경험들이 있을 것이다. 신호의 끊김은 또 다른 재난으로 연결될 수 있다. 신호의 끊김이 없는 완벽한 Seamless 환경 조성, 그 시차를 메우는 곳에서 반도체는 빛을 발한다. 또한, 메타버스 시장이 본격적으로 열리면 어마어마한 데이터 트래픽이 발생해서 이를 처리하기 위한 데이터 센터의 증설이 불가피하다. 보이지 않는 곳에서 조용히 디지털 세계를 지배하는 무림 고수는 반도체의 또 다른 이름이다.

0과 1로 대표되는 디지털 세상이 열리면서 우리는 일상 생활에서 혁명과 같은 변화와 함께 살고 있다. 일상적으로 접하는 휴대폰이 단순히 전화를 걸고 메시지를 보내는 것에서 그치지 않고 동영상을 만들고 공유하고 즐길 수 있게 된 것은 디지털이 가져다준 큰 선물이다. 나아가 휴대폰으로 주식을 거래하고 각종 Pay를 통해 지불까지 가능하게 됐다. 디지털 세상은 단순한 숫자의 조합 이상의 의미를 가지게 된 것이다.

2016년 찰스 슈왑이 다보스 포럼에서 4차 산업 혁명을 언급하면서 새로운 산업 혁명에 대한 이름표가 붙기 시작했다. 4차 산업 혁명은 네 번째 산업 혁명을 의미한다. 기존의 증기, 전기, 인터넷으로 대표되는 산

**메타버스와 관련된 비즈니스**

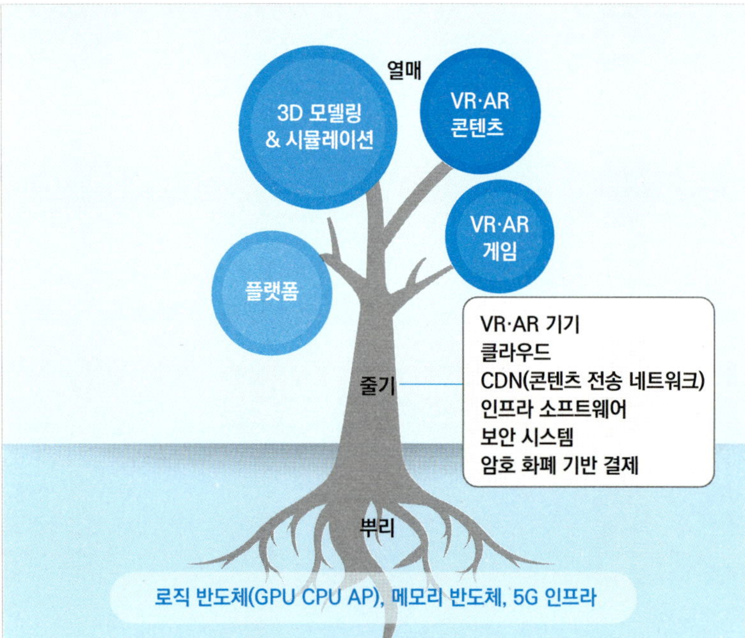


자료: 한국경제, 한국투자신탁운용(2021)

업의 에너지와 다른 근본적인 특징이 있다. 기존에는 인간의 물리적 힘을 대신하는 기계와 장치들이 산업의 그림을 바꿨다. 4차 산업 혁명 시대는 기계의 영역이 인간의 뇌를 대신하는 역할까지 확대된 것을 말한다. 인간보다 똑똑한 인공 지능의 유행은 이를 단적으로 보여준다.

**다보스 포럼에 처음 등장한 4차 산업 혁명**

'4차 산업 혁명'이라는 용어는 2016년 1월 개최된 다보스 포럼에서 공식적으로 사용되면서 빠르게 확산됐다.

그런데 4차 산업 혁명은 여전히 모호한 구석이 있다. 그 말은 알겠는데 나랑 어떻게 연결되어 있는지 감이 잘 오지 않는다. 유행이 트렌드가 되기 위해서는 명확한 정의가 필요하고, 이를 기반으로 평가할 수 있어야 한다. 평가가 된다면 그 영향의 크기와 깊이를 수치로 보여줄 수 있을 것이다. 현재 평가 작업이 어느 정도 끝나가고 있어 4차 산업 혁명은 서서히 산업과 생활에 스며들기 시작한 단계로 보는 것이 맞다.

컨설팅 회사들이 4차 산업 혁명을 평가하는 아이디어를 제공했다. 4차 산업 혁명의 다른 이름으로 '디지털 전환'Digital Transformation이라는 이름을 붙인 것이다. '디지털 전환'이라는 이름표를 붙이면서 기업들은 본격적으로 새로운 물결로 받아들이면서 적응하고자 한다. 투자가 성과로 연결되는 평가 잣대가 만들어지자 기업들이 움직일 공간이 생긴 것이다. 이는 선택의 문제가 아니라 생존의 문제로 직결되기 때문이다.

# 디지털 혁신에서 새로운 100년 기업이 나온다

디지털 전환이라는 단어도 입에 잘 붙지 않는다. 직역이 아니라 의역을 하면 '디지털 혁신'으로 설명할 수 있다. 많은 기업들이 이런 디지털 혁신을 받아들이면 어떤 일들이 일어날까? 물론 상상의 영역이다. 추정할 만한 단초는 있다. 한국 대기업의 순위와 상위에 랭크된 기업은 오랫동안 변하지 않고 그 명맥을 유지해왔다. 그런데 디지털 혁신이 본격적으로 시작되면서 기업의 순위가 요동치고 있다. 카카오, 네이버가 시가총액 상위로 치고 올라가면서 산업의 판도를 바꾸고 있다. 물론 창업의 역사가 오래되지 않은 기업이 디지털로 무장하고 새로운 게임 체인저로 나올 가능성이 높다. 이들 기업들은 지금 하는 대로 하면 계속 규모를 성장시키면서 큰 기업으로 변모할 것이다. 반면 기존 산업에서 한국을 대표하던 기업들은 디지털 혁신이라는 큰 도전에 직면하고 있다.

사실 기업의 역사를 살펴보면 새로운 트렌드가 얼마나 많이 기업들을 바꿔놓는지 확인할 수 있다. 100년 이상 된 기업의 대명사로 미국의 GE가 있다. GE가 100년의 역사가 됐다면 이 기업은 그 당시 막 출범한 신생 기업이었다. 현재의 네이버, 카카오와 마찬가지로 말이다. GE는 2차 산업 혁명의 키워드인 전기를 활용해 이 분야 시장을 선도해왔다. 3차 산업 혁명의 대표적인 기업은 인터넷 붐에 편승한 마이크로소프트이다. 1975년 빌 게이츠와 동료들이 만든 기업으로 인터넷이 보편화되면서 윈도우 시스템을 만들어 시장을 리딩해왔다.

GE와 마이크로소프트의 공통점은 그 시대의 흐름을 읽고 빨리 적응하면서 시장을 선도했다는 것이다. 지금에 와서 생각하면 너무 당연한 이야기로 들리지만 당시 이들의 투자는 큰 모험을 동반하고 있었다. 새로운 트렌드가 생길 때 그것을 정확하게 읽어내고 적응하기는 쉽지 않다는 말이다. 많은 기업들이 이런 트렌드 속에서 자기의 영역을 만들지 못하고 사라진 경우도 비일비재하다.

기업들은 불확실성 시대에 디지털 혁신에서 새로운 전략적 옵션을 가지게 됐다. 대량의 데이터, 인공 지능, 메타버스 같은 디지털 혁신의 도구들은 기업의 전략적 의사 결정을 돕는 1급 참모의 역할을 할 것이다. 이들은 불확실성을 헤쳐가는 기업들의 든든한 동반자가 될 것이다.

디지털 혁신은 새로운 승자와 패자를 만들 것이다. 디지털로 무장한 신생 기업의 부상과 기존 산업을 영위하던 기업 간의 치열한 전투가 이미 시작됐다. 이런 싸움에서 제2의 GE, 마이크로소프트가 나오게 될 것이다. 디지털 쇼핑몰 '아마존', 디지털 오피스 'ZOOM'은 이미 디지털 혁명의 수혜를 받고 있는 기업이다. 물론 Rising Star가 있는 다른 편에는 디지털 혁신에 적응하지 못하고 소리소문 없이 사라지는 기업들도 많아질 것이다.

디지털 Move 1

## 산업 간 경계가 없어진다

스타벅스와 카카오뱅크를 보자. 스타벅스는 한국 커피계의 애플로 불리며 라이프스타일 혁명을 주도하고 있다. 조금 더 기업 내부로 들어가 보자. 스타벅스의 팬덤 문화는 이미 더 이상 뉴스가 아니다. 스타벅스는 여름에 맞춰 영리하게 굿즈Goods 마케팅을 진행한다. 고객들이 스타벅스 마크가 선명한 키트를 들고 여름 해수욕장을 누비는 것도 이제 낯익은 모습이 됐다. 굿즈를 얻기 위해 새벽부터 스타벅스 매장 앞에 장사진을

전혀 다른 업종을 영위하는 스타벅스와 카카오뱅크가 경쟁 상대로 만날 수 있다. 디지털 혁신이 가진 시장 파괴적 속성을 잘 보여주고 있다.

치거나, 커피를 수십 잔 시키면서 굿즈를 얻기 위한 포인트를 쌓는 새로운 풍경이 벌어지고 있다.

스타벅스의 팬덤 문화는 선불 카드 형태로 발전하고 있다. 고객들이 스타벅스 앱에 돈을 충전하고 원하는 시기에 소비하는 선불 카드는 큰 성공을 거두고 있다. 이를 이용하는 고객들은 편리성을 취하고 스타벅스는 탄탄한 금융 기반을 만들고 있는 것이다. 이렇게 해서 스타벅스에 쌓인 돈이 무려 1,800억 원을 넘어서고 있다.

스타벅스는 단순히 커피를 판매하는 기업이 아니다. 커피 판매와 금융을 결합한 새로운 기업의 탄생인 것이다. 스타벅스를 금융 회사라 불러도 전혀 이상하지 않다. 이렇게 본업을 강화하기 위해 추가하는 분야가 늘어날수록 스타벅스는 어떤 기업이라는 이름표를 붙이기가 점점 어려워지고 있다.

카카오뱅크를 보자. 이 회사는 플랫폼 기업인가, 은행인가? 현재의 산업 분류로는 카카오뱅크의 특징을 100% 담아내기 어렵다. 2021년 8월 6일 공모가 3만 9,000의 기업은 상장 첫날 코스피 시가 총액 12위에 올라섰다. 신규 상장으로 카카오뱅크의 시가 총액은 단숨에 금융 1위 주식이 된 것이다. 카카오뱅크를 플랫폼 기업으로 보느냐 은행 기업으로 보느냐에 따라 이 기업에 대한 평가는 달라진다. 카카오뱅크라는 메기가 한국 시장을 흔들어놓고 있다.

은행은 없어져도 금융은 필요하다는 것을 잘 보여주는 사례들이다. 문제는 산업의 경계를 파괴하는 이런 형태의 기업이 우후죽순 증가할 수 있다는 것이다. 신생 기업이든 기존 기업이든 연결로 상징되는 디지털 혁신은 가속화될 것이다. 자동차를 온라인으로 판매하는 것을 상상이나 해봤겠나. 우리나라 홈쇼핑에서 일부 이런 시도가 있었다. 그러나 2021년 '캐스퍼'라는 브랜드가 사실상 온라인으로만 판매되는 최초의 자동차가 됐다.

자동차가 온라인으로 판매된 이상 다시 과거로 돌아가기 힘들 것이다. 물론 이런 흐름을 불편해하는 사람들도 많이 있다. 하지만 고객들이 편리하다고 느낀 이상 과거의 방식은 지속 가능하지 않다. 코로나19 팬데믹으로 비대면이 확대되면서 코로나가 끝나도 이전 시대의 생활로 돌아가기 힘들다는 이야기와 맥을 같이한다. 앞으로 우리 생활의 많은 영역에서 이런 디지털 혁신은 점차 빨라질 것이다.

## 롯데시네마와 현대자동차는 경쟁 상대?

전혀 관계가 없는 기업들도 새로운 경쟁 관계가 만들어지기도 한다. 영화와 자동차 회사가 같은 고객을 두고 경쟁한다. 롯데시네마는 가족이나 연인끼리 큰 화면을 보면서 영화를 즐기는 비즈니스를 갖고 있다. 현대자동차는 원하는 목적지까지 정확하고 빨리 가는 자동차 비즈니스

LG전자가 선보인 미래형 전기 자동차 내부. 자동차 뒷좌석의 유리가 스크린으로 바뀌면서 영화 등을 즐길 수 있다.
자료: 조선일보(2020)

를 하고 있다. 자동차의 자율 운전이 앞당겨지면서 새로운 경쟁 구도가 만들어질 것이다. 운전에서 자유로워지는 운전자는 목적지까지 가는 시간 동안 영화 감상 같은 오락거리를 찾을 가능성이 높아진다. 이는 영화를 볼 수 있는 롯데시네마와의 경쟁 관계를 만들 수 있다. 롯데시네마와 현대자동차가 주말 황금 시간대에 같은 고객을 놓고 한판 경쟁을 벌이는 시대가 도래한 것이다. 롯데시네마가 자동차를 만들고 현대자동차가 영화관을 운영하는 미래도 가능하다는 생각이다.

## 넷마블의 코웨이 인수

게임 개발 회사 넷마블, 정수기 등 구독 경제 1위 업체 코웨이. 2019년 넷마블이 코웨이 인수를 선언했을 때 시장 반응은 생뚱맞다는 반응

**넷마블과 코웨이**

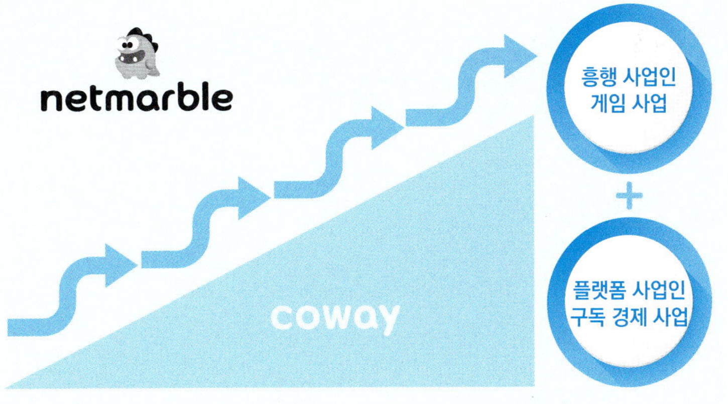


자료: 넷마블(2019)

이었다. 전혀 다른 성격의 기업이 어떻게 연결될지 호사가들의 입방아에 오르기도 했다. 넷마블은 '구독 경제를 통한 스마트홈 서비스' 강화를 전면에 내세웠다. 다루는 내용은 게임, 정수기로 다르지만 구독 경제라는 방식은 많은 공통점을 갖고 있다는 논리이다. 제품을 직접 구매하는 것이 아니라 일정 기간 임대해서 사용하는 코웨이의 사업 모델. 이런 사업 모델을 넷마블과 접목하면 1+1보다 큰 시너지를 낼 수 있다는 계산이다. 넷마블과 코웨이의 시너지가 아직 구체화되지 않았지만 세상은 이렇게 전혀 관련 없을 것으로 보이던 기업을 연결해가고 있다. 고객을 재정의하면 전혀 다른 제품이나 서비스에도 교집합을 찾을 수 있다.

디지털 Move 2

# 의료계에 디지털 열풍이 상륙하다

## AI 의사의 등장

인간의 생명을 다루는 의료계도 디지털 혁신을 피할 수 없다. 우리의 머릿속 의사의 이미지는 생명의 위급을 다투는 상황에서 끝까지 생명을 살리기 위해 사투를 벌이는 외과 의사의 모습이 강하다. 이는 위급 상황이 발생한 뒤 어떻게 잘 대응하는지에 대한 이야기이다.

요즘처럼 노령 인구가 급속도로 증가하는 시기에는 사전에 진단하고 예방하는 영역이 중요하다. 병실 부족으로 시달리는 우리나라의 현실에서 미래에 환자가 될 수 있는 사람들의 몸 상태를 정확하게 진단한다면 여러모로 많은 쓸모가 있다. 정확하게 진단하고 병이 진행되기 전에 적절한 치료가 이뤄진다면 국가적으로도 의료 비용을 줄일 수 있는 좋은 대안이 될 수 있다.

실제 병원에서 까다롭게 생각하는 부분은 X-ray나 MRI 등 몸을 스캔한 이후 영상을 통해 이를 정확하게 판별하는 절차에서 발생한다. 이 단계에서 병목이 생기거나 정확한 판단이 수반되지 않으면 환자가 적절한 치료를 받을 기회를 놓칠 수 있다. 최근 많이 활용되는 AI 의사는 영상의 진단 단계에서 많은 활약을 하고 있다. 수많은 영상의 증상과 패턴을 학습한 AI가 많아지면서 진단 단계의 많은 문제가 해결되었다는 소식을 자주 접하곤 한다. AI 의사의 등장에는 양면성이 있겠지만 사람 의사와 협업하면서 새로운 가능성을 보여주고 있다. 비단 진단 분야뿐만 아니라 다양한 분야에서 AI 의사의 활약이 기대된다. 의사와 AI가 공존하는 병원 풍경은 미래가 아니라 현재 벌어지는 혁신의 현장이다.

코로나19의 치료제나 백신 개발에도 AI의 힘은 무시하기 어렵다. 전 세계가 코로나로 불안에 떨던 시기 놀랄 만한 일이 벌어졌다. 코로나19 발발 후 1년도 안 돼 백신이 나왔다는 것이다. 통상적으로 새로운 치료 물질 발굴, 동물과 사람에 대한 임상 시험 등 백신이 나오기까지 많은 시간이 필요하다. AI의 도움으로 백신에 필요한 물질을 찾아내자마자 백신개발에 가속도가 붙었다. 후세의 사람들이 코로나19 시대를 평가할 때 AI를 일등 공신으로 평가하지 않을까?

디지털 Move 3

# 취업 시장마저 바뀌 놓는다

취업 시장에도 디지털의 역습이 이미 시작됐다. 그것도 절대로 바뀌지 않을 것이라고 여겨지던 금융권에서 말이다.

은행은 예금을 받고 적정 마진을 붙여 대출하는 것이 비즈니스 모델이다. 대출을 많이 하면 할수록 수익이 증가하는 구조이다. 물론 대출 부실이 없다면 말이다. 따라서 우수 고객을 유치하고 이를 관리하는 역할은 상경계 출신의 몫이었다. 그런데 최근 취업 공고를 내고 있는 은행들은 공대 출신을 주로 뽑겠다고 나섰다. 소비자와 얼굴을 맞대고 영업을 하는 은행 지점들은 점차 줄어들고 있다.

무엇이 은행의 취업 풍경을 이렇게 바꿔 놓고 있는 걸까? AI, 빅 데이터로 대표되는 디지털 혁신이 이들의 움직임을 강제하고 있다. IT로 무장한 네이버, 카카오가 야금야금 은행의 영역으로 들어오기 때문이다. 상품 개발, 리스크 관리 등 모든 업무들이 데이터에 기반하고 있어 공대생 위주의 채용 공고는 이제 시작에 불과하다. 이는 생존의 문제이기 때문이다. 막연하게만 들리던 디지털 혁신의 세계는 AI, 빅 데이터 등의 쓰임새 확대와 맞물리면서 비로소 그 힘의 실체를 드러내고 있다.

### IT 회사로 변신 중인 골드만 삭스

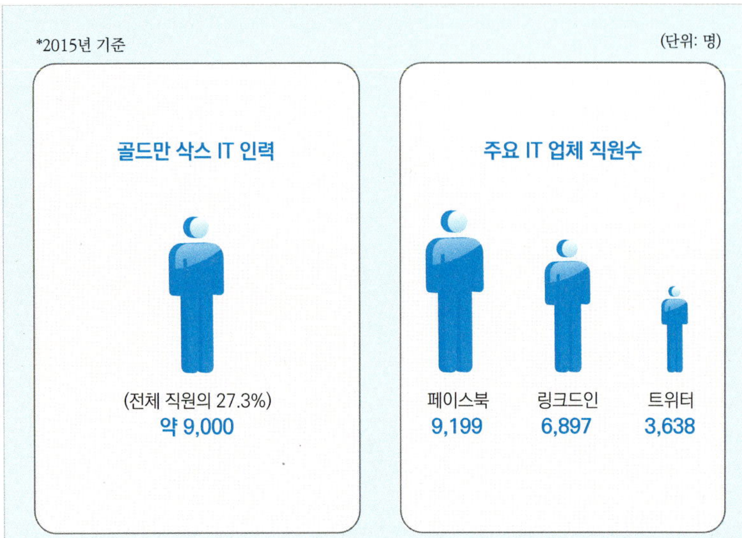


자료: 매일경제(2017), 삼정 KPMG

세계 최대의 투자 은행인 골드만 삭스Goldman Sachs를 보자. 세계 정상급 인재들이 글로벌 시장에서 투자할 대상을 찾기 위해 24시간 돌아가는 회사이다. 골드만 삭스는 디지털 혁신을 뒤쫓아가기보다 이를 선도하기 위해 노력한다. 골드만 삭스의 전체 인력 가운데 기술을 담당하는 IT 관련 인력은 전체의 25%를 넘어서고 있다. 웬만한 IT 기업의 인력보다 많은 실정이다. 이를 기반으로 투자 리스크 평가, 기업 공개 자동화 솔루션을 내놓고 있다. 심지어 스타트업과 협업해 운영의 효율성을 높이려는 시도를 끊임없이 하고 있다.

디지털 Move 4

## 생산 라인에서 사람들이 사라진다

생산 현장에서는 이미 디지털 혁신이 상당히 진척돼 있다. 원가와 효율을 중시하는 공장에서 먼저 디지털 혁신의 가능성을 알아봤는지도 모르겠다.

스마트 공장Smart Factory이라는 말이 회자되고 있다. 디지털 혁신 이전의 많은 공장은 생산 라인의 길이에 따라 경쟁력이 결정됐다. 대량 생산 체제에서는 생산 라인이 길수록 많은 제품을 생산할 수 있기 때문이다. 그러나 요즘은 생산 라인의 길이보다는 Web에 얼마나 잘 연결돼 있는지가 공장 경쟁력의 바로미터이다. 생산 라인을 따라 사람들이 빼곡히 서서 작업을 하는 모습은 과거형이다. 요즘 공장은 Web에 연결된 시스템을 통해 생산이 자동화되고 있다.

반도체 공장의 경우를 보자. 위쪽에 연결된 컨베이어 벨트가 부품과 제품을 나르고 있어 사람이 직접 손쓸 여지는 점차 줄어들고 있다. 공장 안에는 왁자지껄한 인기척보다는 컨베이어 벨트를 지나가는 약간의 소리만 윙윙 들릴 뿐이다. 그러다 보니 축구 운동장 만한 크기의 공장 내부에는 소수의 인력만 있어도 공장은 정상 가동되는 시대에 와 있다. 같

### 반도체 공장의 내부

삼성전자 오스틴 공장

은 시간 사람들은 공장 내부가 아니라 모니터를 보면서 일을 하고 있다.

스마트 팩토리로의 전환은 반도체가 있어 가능하게 되었다. 생산 라인 곳곳에 센서를 붙이고 여기에서 나오는 정보를 종합하는 것이다. 개인들이 일상생활에서 쏟아내는 정보량보다 공장 현장에서 나오는 정보량이 훨씬 많을지 모른다. 반도체 센서를 통해 나온 산업 데이터는 기업의 경쟁력 자체로 연결된다. Web 기반의 스마트 팩토리가 발달하는 속도와 비례해서 생산 현장에서 일하는 사람의 수도 줄어들게 될 것이다.

## 디지털로 가는 길은 미로 찾기

우리나라는 디지털 혁신의 후발 주자이다. AI 분야를 예로 들어보자. 이 분야의 4대 구루Guru는 요슈아 벤지오 몬트리올 대학 교수, 제프리 힌튼 토론토 대학 교수, 얀 러쿤 뉴욕 대학 교수, 앤드류 응 스탠포드 대학 교수를 꼽고 있다. AI는 이들 네 명의 천재를 만나 개화하고 이제 산업과 생활의 많은 영역에서 만개하고 있다.

공상 소설에서나 나오는 것으로 치부되던 AI의 영역은 서서히 세상을 바꿔 놓고 있다. 뒤늦게 많은 기업들이 한꺼번에 관심을 표하고 있지만 인력 부족 문제를 호소하고 있다. 인력은 단시간에 육성해 확보하기가 어렵다. 기업에서는 우선 필요한 인력을 국내외에서 자체 육성하겠지만 필요한 인력을 100% 확보하기 어렵다. 또한, 반도체에 필요한 많은 인력들은 카카오, 네이버 같은 플랫폼 기업으로 쏠림 현상이 심하다. 그렇게 많지도 않은 인재들을 놓고 반도체 기업과 플랫폼 기업이 총성 없는 전쟁을 치르고 있다.

이재용 삼성그룹 부회장이 2021년 첫 해외 출장지로 토론토를 선택했다. 정확히 말하면 토론토에 있는 AI 센터를 방문한 것이다. 이재용 부회장은 출장지를 통해 메시지를 던지기로 유명하다. 왜 토론토인지 의아해 할 수 있다. 위에 언급된 AI 4대 구루를 자세히 보면 그 해답을 찾을 수 있다. 캐나다 동부 지역인 몬트리올 대학과 토론토 대학이 눈에 띈다. AI 분야에서는 캐나다가 단연 빛나는 선두권이기 때문이다. 세계적인 AI 석학인 요슈아 벤지오 몬트리올대 교수도 현재 삼성의 AI 교수와 AI 포럼 의장을 맡고 있다. 글로벌에서 캐나다의 AI Power를 그대로 삼성에 옮겨 놓은 모습이다. 이들을 통해서 해외에서 필요한 인력을 확보하고 있다.

정부 차원에서 대학과 협력해서 인력을 육성해야 되는데 현실적으로 많은 어려움이 있다. 실례로 서울대학교에서 글로벌 시장에서 통하는

삼성전자 글로벌 AI 센터 현황

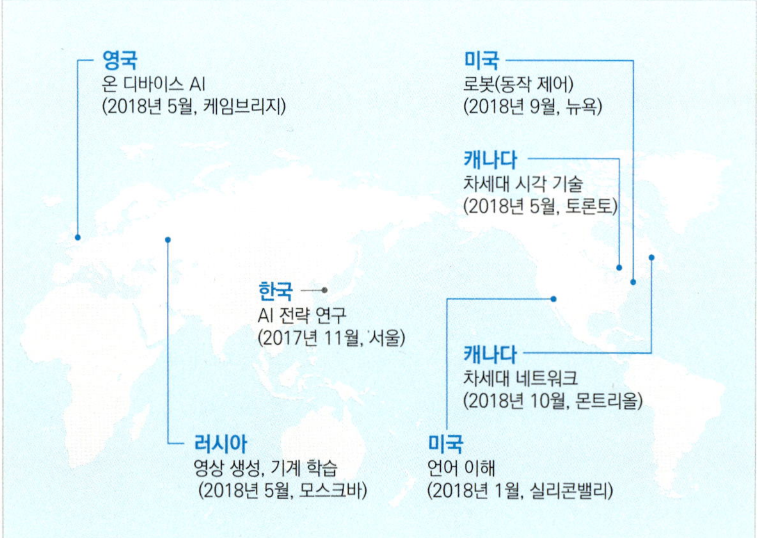


자료: 중앙일보(2021)

AI 전문가를 뽑으려 했지만 결국 실패했다. AI 인력이 워낙 공급이 부족해 몸값이 천정부지로 뛰고 있는데 대학교 차원에서 이를 연봉에 반영하기 어려운 게 현실이다. 현실적인 타협으로 기업 소속이면서 학생을 가르치는 겸직 교수로 하나씩 문제를 풀어가고 있다. 세상은 디지털로 바뀌고 있는데 생각은 아날로그에 머물고 있어, 이 사이에서 새로운 갈등이 생겨나고 있다.

기업 내부를 들여다봐도 뾰족한 해답을 찾기 힘들다. HIPPOHighest Paid Person's Opinion라는 용어가 있다. 급여가 가장 높은 사람들의 의사 결정에 따라 기업을 운영하는 상황을 비유하는 말이다. 디지털 혁신이 시작되기 이전에는 산업 현장에서 축적된 노하우가 의사 결정의 밑천이 된다. CEO들의 의사 결정을 많은 사람들이 따르는 이유도 여기에 있다. 그런데 CEO의 고민은 생각지도 못한 곳에서 생긴다. 의사 결정을 못하겠다는 것이다. 기존 비즈니스는 얼마의 금액을 투자하면 언제까지 어떤 수준의 실적이 나올지 예상이 가능했지만, 이 공식이 더 이상 통하지 않는다는 것이다. 많은 CEO들은 어떤 의사 결정을 하는 것이 맞는지 그 해답을 찾고자 하지만 여전히 쉽지 않은 상황이다.

디지털 혁신에 대한 의사 결정을 하든 잠시 결정을 미루고 지켜보든 누구나 디지털 혁신이 세상을 바꿀 것이라는 데는 동의한다. 기업이든 개인이든 말이다. 디지털 혁신이 어떤 시점을 지나면서 가속화된다면 이는 반도체 수요 기반의 급격한 확대로 연결될 것이다. 디지털 혁신에 대한 각자의 견해는 다르지만 반도체가 있어야 디지털 혁신이 제대로 진행될 것이라는 점에는 모두가 동의하고 있다.

# 디지털은 반도체로 소통한다

세상이 디지털로 의사소통을 하면서 반도체는 그런 의사소통을 도와주는 핵심적인 요소가 되었다. 다른 말로 하면 디지털 혁신으로 반도체의 쓰임새가 넓어지면서 반도체 자체의 수요 기반이 기하급수적으로 확대되었다는 의미이다.

**반도체 수요 전망**

| 분 야 | 2023년 시장 (10억 달러) | 2025년 시장 (10억 달러) | 2020~2025년 연평균 성장률 |
|---|---|---|---|
| 스마트폰 | 104 | 146 | 5% |
| 개인 컴퓨터 | 89 | 107 | 2% |
| 생활 가전 | 60 | 74 | 8% |
| 자동차 | 79 | 104 | 21% |
| 산업 데이터 | 74 | 94 | 14% |
| 유무선 인프라 | 50 | 60 | 10% |
| 데이터 저장/처리 | 78 | 136 | 12% |

자료: ASML Annual Report(2023)

최첨단 반도체 생산에 필수 장비 EUV를 생산하는 ASML, 그 기업이 바라보는 반도체 시장은 참고할 만한 가치가 있다. ASML은 어떤 분야가 유망하다고 보고 있을까? ASML에 따르면 2025년까지 시장 규모는 스마트폰이 가장 크겠지만, 성장률 차원에서는 연평균 14% 성장하는 자동차 시장을 주목해야 한다고 주장한다.

향후 성장률이 가장 높을 것으로 전망되는 자동차를 예로 들어보자. 엔진을 기반으로 운행되는 내연 기관 자동차. 이 속에는 평균적으로 200개의 반도체가 사용되는 것으로 알려져 있다. 안전, 주행을 위한 장치가 점차 자동화되면서 생긴 현상이다. 전기 자동차에는 반도체가 얼마나 필요할까? 내연 기관 자동차의 10배인 2,000개의 반도체가 필요하다. 여기에 더해 자율 운행 자동차가 나오면 최소 4,000개의 반도체가 필요하다는 게 중론이다.

반도체 공장들이 자동차 강국에 집중되는 현상은 '전기 자동차 = 반도체' 관계를 단적으로 설명한다. 최근 글로벌 반도체 회사들이 선호하

**자동차 강국에 공장을 짓는 반도체 회사들**

| 반도체 공장 건설 지역 | 반도체 회사 |
|---|---|
| 일본 | TSMC(대만 · 2024년 완공) |
| 독일 | TSMC(대만) |
| | 글로벌파운드리(미국) |
| | 인텔(미국) |
| | 보쉬(독일) |
| 미국 | 삼성전자(한국 · 2025년 완공) |
| | TSMC(2025년 완공) |
| 이탈리아 | 인텔 |

자료: 언론종합

는 입지는 일본, 독일, 미국, 이탈리아 등 대형 자동차 회사들이 밀집한 지역의 분포와 정확히 일치한다. 자동차 생산 강국 근처에 첨단 반도체 공장이 속속 들어서면 전기 자동차로의 전환이 더 빨리 진행될 수 있다. 수요가 공급을 만들고 다시 공급이 수요를 만드는 선순환이 펼쳐지기 때문이다.

요즘 주목받는 인공 지능의 확대도 주목할 만하다. 4차 산업 혁명은 인간의 물리적 힘보다는 지능을 대신하는 인공 지능의 확대와 연결된다. 원리는 이렇다. 우리가 집에서 생활하거나 집을 나가서 교통편을 사용해 이동하는 모든 내용은 디지털로 저장할 수 있다. 이른바 빅 데이터의 시대이다. 사람의 생각과 행동 패턴을 데이터로 만들면서 데이터 양이 천문학적으로 증가한다. 몇 기가Giga를 이야기하던 것이 얼마 안 됐는데 지금 벌써 테라Tera를 이야기할 정도이다. 데이터가 늘어날수록 데이터 용량에 대한 새로운 용어들이 나올 수밖에 없는 구조이다.

8비트bit의 용량을 1B라고 표현하고 1,024B는 1KB라고 표기하며 '키로바이트'라고 한다. 1,024KB의 경우는 1MB라고 표기하며 '메가'라고 부른다. 다시 1,024MB는 1GB 흔히 '기가'라고 부르는 기가바이트가 된다. 또다시 1,024GB는 1TB, 즉 테라바이트가 된다. 그렇다면 1,024TB는? 저장 용량을 단순화하면 다음과 같다.

8bit = 1B < 1,024B = 1KB < 1,024KB = 1MB < 1,024MB = 1GB
< 1,024GB = 1TB

데이터 양이 많아져 빅 데이터가 되면 이를 분석하기 위한 툴도 대용량을 처리하기 위해 고성능 툴이 필요하다. 다시 말하면 데이터를 모으

고 분석하는 데 사람이 일일이 수작업으로 계산할 수 없으니 인공 지능을 활용하여 분석한다. 이런 인공 지능이 제대로 작동하기 위해서는 반도체가 필요한 것이다. 한마디로 반도체가 없으면 미래 첨단 분야로 여겨지는 거의 전 영역에서 기술 발전을 이끌어가기 힘든 현실이다.

중국이 데이터에 기반한 인공 지능에 앞서간다는 분석이 쏟아지고 있다. 중국의 14억 인구가 만들어내는 빅 데이터에 기반하는 것으로 알려졌다. 그런 중국이기에 이를 제대로 하기 위해 반도체를 눈여겨 보고 있는 것이다. 중국이 반도체를 원하는 만큼 가질 수 없다면 상당 부분 다른 나라에 의존해야 한다는 말이다. 이는 중국의 미래를 다른 나라에 담보하고 있는 이상한 모습으로 나타날 수 있다. 한국, 미국, 유럽, 일본 등 다른 나라도 마찬가지다. 앞으로 세상은 반도체를 가진 국가와 그렇지 못한 국가로 이분화될 것이다. 반도체는 국력을 상징하는 또 하나의 강력한 무기가 될 것이다.

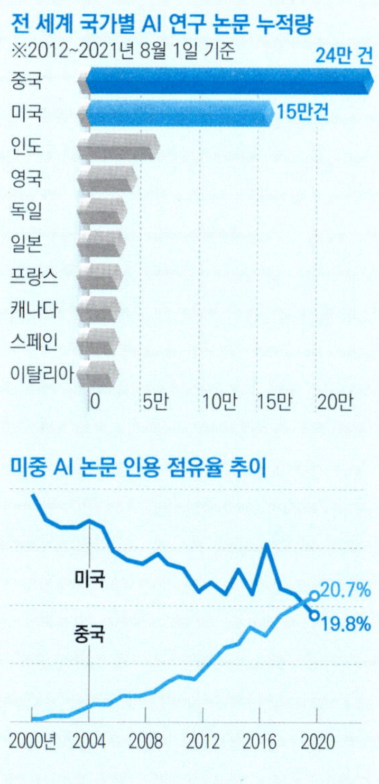

자료: 조선일보(2021), 클래리베이트, 스탠퍼드대

# Chapter 4

# 왕좌를 놓고 벌이는
# 세기적 게임

Chapter

# 4

## 왕좌를 놓고 벌이는 세기적 게임

- 불확실성과 혼전 : How to play
- 반도체 왕조 재건에 나선 인텔
- 1호 파운드리 기업 TSMC
- 반도체 1위 기업 삼성전자
- '반도체의 두뇌'를 설계하는 ARM
- ASML이 없으면 첨단 반도체는 없다
- 불확실성과 혼전 : Where to play

미중 반도체 갈등과 디지털 혁신에 따라 반도체 시장이 많이 흔들리고 있다. 기업들은 이런 경영 환경 변화를 정확히 해석해야 하는 또 다른 숙제를 안게 됐다. 미래를 대비하고 치열한 고민을 먼저 한 기업들은 Big Jump의 기회를 얻을 수 있겠지만, 대비가 부족한 기업들은 어려움에 처할 수 있다. 세상은 그렇게 모두에게 공평하지 않다.

이 글에서는 디지털 혁신이 아니라 미중 반도체 갈등이라는 맥락에서 기업이 어떻게 움직이는지 살펴보고자 한다. 디지털 혁신은 큰 트렌드이기 때문에 디지털 혁신을 빼놓고 기업의 전략을 짤 수는 없다. 이미 많은 기업들이 디지털 혁신을 전제로 사업을 전개하고 있기도 하다. 미중 반도체 갈등은 위기와 기회를 동시에 내포하고 있지만 상황이 계속 바뀌고 있다. 기업마다 대응하는 방법이 다르게 나타날 수 있는 구조이다. 과거의 경험치도 정확한 판단과 의사 결정에 별 도움이 못되고 있다.

## 불확실성과 혼전:

## How to play

"미국이 하고자 하는 것은 알겠는데
뭘 못 하게 하고 있는지 헷갈려요"

반도체 업종에 종사하는 전문가의 솔직한 소감이다.

그렇다. 미국은 중국을 잡기 위한 큰 그물을 던졌는데 그물에는 구멍이 숭숭하다. 의도된 설정이 아닐까? 일단 못 하게 하면 많은 기업들이 불안해서 멈칫하게 되어 있다. 비즈니스에서 가장 피하고 싶은 것이 불확실성이다. 미국의 본심을 파악하기까지는 말이다.

다시 미국의 규제를 보자. 어라, 기업들이 막힌 수출을 재개하고 있네. 이들이 어떻게 그 구멍을 찾았는지 벤치마킹하면 길이 있겠는데? 미국의 Redline만 지키면 된다는 거잖아.

소니Sony가 대표적이다. 원래 소니는 화웨이에 대한 매출 비중이 29%로 상당히 높았다. 그런데 소니의 화웨이 수출 재개 소식이 들렸다. 소니는 이미지 센서 시장에서 40% 이상을 점유하는 기업이다. 핵심은 소니가 정교한 논리로 미국 정부를 설득했다는 것이다. 논리는 이렇다. 소니가 화웨이에 납품하는 이미지 센서 제품은 화웨이의 핸드폰에 특화된 제품이라 다른 용도로 사용이 불가능하다. 따라서 미국이 우려하듯 중국인의 인권 감시 시스템에 사용된 화웨이 제품에는 소니 제품이 사용되지 않았다.

미국이 직접적으로 규제하지 않는 분야에는 여전히 기회의 문이 열려 있다고 판단하는 기업도 있다. 차량용과 전력용 반도체의 강자인 인피니언Infineon은 중국에 차량용 반도체 후공정 공장을 증설하며 중국 내 전기차 기업을 미중 갈등의 와중에 적극 공략하고 있다. 세계 1위의 전기차 시장을 갖고 있는 중국 시장을 놓칠 수 없다는 것이다.

규제의 영역과 다르게 각 국가들이 엄청난 보조금을 살포하면서 반도체 전체의 판이 커지고 있다. 반도체 투자 붐이 일면서 이곳저곳에서 오라는 곳이 많아 즐거운 고민을 하는 기업들도 많다. 파운드리 업체들과 소재·장비 회사들이 대표적이다.

미중 갈등이 장기화되면서 중국의 기술 수준이 빠르게 성장할 것이라는 우려가 있는 것도 사실이다. 전 세계 자동차·전력 반도체 1위 기업인 인피니언의 CEO인 Reinhard Ploss는 "현재의 미중 갈등은 중국이 아주 중요하게Very significantly 기술 개발을 가속화하도록 부추기게 될 것이다. 미국보다 중국의 반도체에 대한 의지가 높기 때문이다"라고 말하고 있다. 첨단 장비인 EUV를 독점 생산하고 있는 ASML의 CEO인 Peter Wennink는 "중국에 대한 기술 규제는 중국의 기술 독립을 앞당기게 되면서 결국 우리의 시장을 잃게 될 것이다"라고 걱정하고 있다.

반도체 세상을 호령하는 5형제를 알아보자. 규제와 투자 붐이 동시에 진행되는 가운데 이들의 걱정과 희망 사항을 살펴보고자 한다. 초대된 기업은 인텔, TSMC, 삼성전자, ARM, ASML이다. 앞에서 반도체를 가치사슬 차원에서 생산, 설계, 소재·장비의 세 부분으로 나눈 바 있다. 반도체 생산 공장을 운영하는 3개 기업은 인텔, TSMC, 삼성전자이다. 설계의 절대 강자는 ARM이다. 소재·장비의 대표적 기업은 ASML이다. 생산을 담당하는 3개 기업과 달리 나머지 두 회사는 많이 알려지지는 않았다. 이 2개 기업을 같이 넣고 생각해야 반도체에 대한 종합적인 그림을 완성할 수 있다.

먼저 반도체 생산의 대표 기업들을 살펴보자. 인텔은 반도체 원조라는 자부심으로 반도체 왕국 재건을 위한 파격적인 행보를 보이고 있다. TSMC는 수익률이 낮아 많은 기업들이 관심을 두지 않던 위탁 생산에서 영업 이익률을 높이고 절대 강자의 자리를 차지하고 있다. 삼성전자는 글로벌 메모리 1위 사업자이면서 파운드리까지 영역을 넓히는 반도체 1위기업이다.

이들 3개 기업의 전쟁은 '반도체 Nano 전쟁'으로 요약할 수 있다. '나노'는 10억 분의 1미터를 의미한다. 3개 회사의 기술 로드맵을 분석하면 2025년까지 2nm 경쟁으로 가겠다는 것이다. 앞으로 3~4년 안에 파운드리 분야의 최종 승부의 윤곽이 드러날 수 있을 것이다. 반도체 생산에서 왕좌를 노리는 3개 기업부터 살펴보자.

# 반도체 왕조 재건에 나선 인텔

"인텔이 돌아왔다"

2021년 1월 15일, 인텔 이사회는 차기 CEO로 팻 겔싱어를 임명했다. 팻 겔싱어에게 내려진 임무는 반도체 왕조의 부활이다. 바이든 대통령이 취임하기 5일 전의 일이다. 바이든 대통령과 겔싱어는 반도체라는 같은 배를 타게 되었다. 바이든-겔싱어 조합은 글로벌 반도체 시장을 흔들어놓는 빅 카드가 될 것임을 예고한 것이다. 인텔은 메모리 반도체의 대명사인 DRAM을 개발한 회사이기도 하다. 잘 짜인 각본처럼 인텔이 잘나가던 그 전성기로 복귀하기 위한 열차가 출발했다.

팻 겔싱어는 인텔이 설립된 지 10년 뒤인 1979년 인텔에서 사회생활을 시작했다. 정통 엔지니어 출신으로 인텔의 1호 최고 기술 책임자Chief

Technology Officer를 역임하기도 했다. 인텔의 푸른 피를 물려받은 정통 인텔 맨인 것이다. 인텔이 그를 CEO로 임명한 것은 명확하다. 인텔의 부침을 30여 년간 겪은 정통 인텔 맨에게 기술의 인텔 부활의 중책을 맡긴 것이다.

팻 겔싱어의 일성은 반도체 위탁 생산에 재도전한다는 것이다. 인텔은 10nm 기술 장벽을 넘지 못하고 2018년 파운드리 사업을 철수한 바 있다. 미국이 반도체 제품 부족으로 어려움에 직면하자 미국 정부의 기대에 부응이라도 하듯 공격적으로 두 개의 공장을 미국에 짓겠다는 발표를 한다. 애리조나에 200억 달러를 투자하는 프로젝트는 2021년 9월부터 본격적으로 공사에 착공했다. 누이 좋고 매부 좋은 아름다운 조합의 시작을 알렸다. 이에 앞서 2020년 10월 NAND 플래시 사업부를 SK하

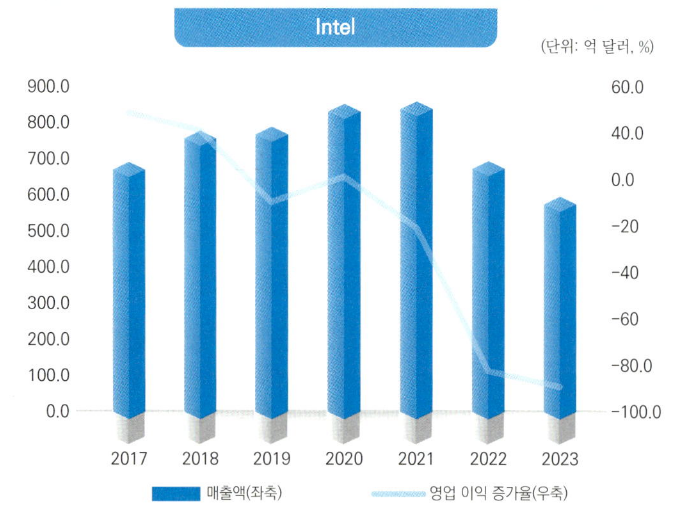


자료: 인텔 Annual Report (2023)

이닉스에 90억 달러에 매각한다는 사실을 알려 업계를 놀라게 하기도 했다.

팻 겔싱어는 미국 내 여론을 움직이는 데도 많은 노력을 동시에 하고 있다. 반도체 10년 수퍼 사이클을 공공연히 밝히며 반도체 생산 시설 투자의 명분을 만들고 있는 것이다.

인텔의 파운드리 공장 투자는 미국의 반도체 생산 시설 보조금을 겨냥한 측면이 강하다. 미국 의회는 520억 달러의 예산을 투자해 반도체 생산을 포함한 관련 분야 투자에 지원하기로 했다. 인텔은 미국의 보조금 관련 애국주의를 내세워 외국 기업에 보조금이 지원되는 것에 반대하는 선봉에 서 있기도 하다. 삼성전자와 TSMC의 미국 투자를 견제하기 위한 전략적 행보로 읽힌다.

인텔의 행보는 미국 내뿐만 아니라 유럽에서도 이어진다. 각 국가들이 경쟁적으로 반도체 생산 시설 투자에 대한 보조금을 늘리고 있어 우호적인 사업 환경을 십분 활용하겠다는 생각이다. 팻 겔싱어는 2021년 9월 독일에서 개최된 자동차 박람회에서 향후 10년간 유럽에서 950억 달러800억 유로를 투자하겠다고 밝혔다. 유럽의 디지털 미래를 끌어가겠다는 공격적인 선언과 다름없다. 유럽에서 파운드리 경쟁업체인 삼성전자와 TSMC의 현지 공장이 없는 점을 노린 과감한 승부수를 띄웠다.

인텔이 미국과 유럽에서 반도체 생산의 우위를 이어가겠다는 선언에는 치명적인 단점이 있다. 현재 인텔의 기술 수준은 10nm의 벽 앞에 머물러 있다. 삼성전자와 TSMC는 이미 5nm를 상용화하고 있다. 인텔의 대답은 이렇다. 2021년 7월 새로운 기술 로드맵을 발표했다. 2025년까지 미세 공정 수준을 1.8nm까지 가겠다는 야심찬 계획이다. 세계 파운드리 시장 1위인 대만 TSMC와 2위인 삼성전자는 2022년 3나노 공정 제품 양산을 목표로 하고 있다.

## 반도체 원조의 자존심 : 내가 없었으면 반도체는 없었다

반도체의 역사는 인텔을 빼놓고 이야기하기 어렵다. 오늘의 인텔이 있게 한 원동력은 업계의 표준을 만들며 시장을 만든 기술의 인텔에서 시작됐다. 1992년부터 2018년까지 27년간 인텔이 업계 넘버 1을 장악한 원동력은 기술에 있는 것이다.

인텔은 1968년 7월 18일, 화학자 고든 무어Gordon Moore와 물리학자이자 집적 회로의 공동 발명가인 로버트 노이스Robert Noyce가 캘리포니아에 설립했다. 초기 공동 창업자인 무어는 반도체 업계의 전설로 통하는 '무어의 법칙'을 만든 장본인이다. 무어의 법칙은 새롭게 개발되는 메모리 칩의 능력이 18~24개월에 약 2배가 된다는 기술 개발 속도에 관한 법칙이다. 이를 기반으로 오늘날 메모리 반도체의 대명사로 통하는 DRAM을 만들기에 이른다.

인텔은 1990년대 두 가지 사건으로 세상에 알려졌다. 인텔 Insider, 윈텔Window-인텔 동맹이다. 기업이나 학교가 아니라 개인용 컴퓨터PC 시장이 폭발적으로 성장하면서 PC의 두뇌인 CPU 수요가 폭발했다. 먼저 인텔 Insider 마케팅 전략이다. 소비재가 아닌 기업 간 거래B2B에 치중하던 인텔을 소비자에게 각인시킨 사건은 바로 이 전략 때문이다. 데스크탑, 노트북의 모든 제품에 인텔의 CPU가 들어간다는 단순하고 강력한 메시지다. 그 당시 인기를 끌던 HP, Compaq 등 모든 컴퓨터의 눈에 띄는 자리에는 '인텔 Insider' 로고가 부착됐다. 브랜드를 가리지 않고 팔리는 거의 모든 컴퓨터에 인텔 CPU가 공급된 것이다.

윈텔 동맹은 독점적인 지위를 바탕으로 시장을 좌지우지했다. 마이크로소프트는 윈도우 운영 체제를 내세웠지만 이를 구동할 CPU가 절실했다. 인텔은 안정적인 공급망 확보가 필요했다. 상호 필요성에 의해 시작된 결합은 시장을 독점하면서 타 기업들의 비판의 대상이 되기도 했다.

그러나 달이 차면 언젠가는 기우는 법, 시장이 컴퓨터에서 휴대폰을 이용한 모바일 시장으로 전환하는 과정에서 인텔은 주도권을 잃게 된다. 2020년 기준 인텔은 개인용 컴퓨터 CPU 시장에서 여전히 78%라는 절대적인 시장 점유율을 갖고 있다. 그러나 모바일 CPU에서는 퀄컴 29%, 삼성전자 13%, 애플 13%의 존재감에 비해 인텔은 명함조차 내밀지 못하고 있다. 특히, 가장 큰 고객이었던 애플이 2020년 독자 개발한 반도체 칩을 내놓으면서 인텔의 시대가 점차 저물어 갔다. 인텔이 애플에 판매하는 매출이 전체에서 2~4%에 불과하지만 말이다.

인텔은 반도체의 원조이면서 인텔 Insider로 우리에게 강렬한 이미지를 갖고 있는 기업이다. 인텔의 새로운 질주가 시작됐다. 질주의 끝은 시장이 판단할 것이다. 재미있는 관전 포인트가 될 것이다. 인텔이 파운드리에 올인하고 있어 삼성전자, TSMC와 어떤 경쟁 구도를 만들어갈지가 향후 반도체 시장을 지켜보는 바로미터가 될 것이다.

# 1호 파운드리 기업
## TSMC

"우리나라에 오면 모든 걸 다 지원해줄 테니
몸만 오면 된다"

각 국가에서 기업 하나를 유치하기 위해 러브콜이 쇄도한다. 업계 내 알 만한 사람들만 알고 있는 기업 TSMC 이야기이다. TSMC가 나타나기 이전에는 하나의 기업이 설계와 생산을 같이해 왔다. 한마디로 TSMC는 반도체 파운드리 영역을 개척한 파운드리 1호 기업이다. 시장을 만들었다는 것은 이 기업이 이 분야에서 독점하고 있다는 의미가 된다. 글로벌 파운드리 시장의 60% 정도를 차지하는 수치에서도 확인된다. 애플, 엔비디아 등 내로라하는 글로벌 기업들이 목메고 있는 기업이기도 하다. TSMC CEO는 각 국가와 기업들이 가장 만나고 싶어하는 사람이 됐다. 왜 이런 현상이 벌어지고 있을까?

TSMC는 10nm 이하의 첨단 공정에서 삼성전자와 쌍벽을 이루며 존재감을 보이는 기업이다. Taiwan Semiconductor Manufacturing Company는 이름 자체가 대만의 반도체 산업을 대표하고 있다. 현재 글로벌 반도체의 이슈가 최첨단 반도체의 생산 부족이다 보니 첨단 공정 기술을 보유한 TSMC의 몸값이 자연스레 높아지고 있는 것이다. TSMC의 기술별 매출 구조를 볼 때 10nm 이하가 58%를 차지한다. 3nm=6%, 5nm=33%, 7nm=19% 이다.

TSMC는 우선 미국의 요구부터 들어주기로 했다. 2020년 인텔 공장 근처인 애리조나에 120억 달러를 투자, 5nm 공정을 적용할 것이라고 밝혔다. 이는 미국에 건설되는 최첨단 공장 자리를 예약했다. 현재 미국에는 10nm 이하 공장이 없는 실정이다. 2021년에는 더 나아가 총 350억 달러를 투자해 미국에 6개의 공장을 짓겠다는 발표에까지 이른다. 유럽도 첨단 공장 유치의 1순위로 TSMC를 꼽고 있고 구체적인 협상이 진행되고 있다고 알려졌다.

### TSMC의 기술별 매출 구조(%)

| 구 분 | 2021년 매출 비중 | 2022년 매출 비중 | 2023년 매출 비중 |
|---|---|---|---|
| 3nm | - | - | 6 |
| 5nm | 19 | 26 | 33 |
| 7nm | 31 | 27 | 19 |
| 16nm | 14 | 13 | 10 |
| 20nm | - | - | 1 |
| 28nm | 11 | 10 | 10 |
| 40/45nm | 7 | 7 | 6 |
| 65nm | 5 | 5 | 6 |
| 기타 | 13 | 12 | 9 |

자료: TSMC Annual Report(2023)

일본은 훨씬 적극적으로 구애 공세를 펼치고 있다. 일본은 자국 기업 위주의 반도체 생태계 조성에 일가견이 있는 나라이다. 그런 일본이 파격적으로 해외 기업을 중심에 놓고 일본 반도체의 미래를 그려갈 준비를 하고 있다. 물론 그 해외 기업은 TSMC이다. 한마디로 파격 그 자체이다. 일본 정부와 TSMC가 서로 필요했기 때문이다. TSMC는 3D 패키징 시장을 선도하기 위한 소재·장비 개발을 일본 업체와 같이하기로 합의했다. 일본의 우수한 소재·장비 기업을 활용할 수 있기 때문이다. 일본 정부도 TSMC와 같이하면 차세대에 필요한 소재·장비 분야에서 앞서나갈 수 있다는 계산이 깔려 있다. 글로벌 이미지 센서 점유율 40%를 차지하는 소니와의 협력도 구체화됐다. 소니의 생산 시설 인근에 이미지 센

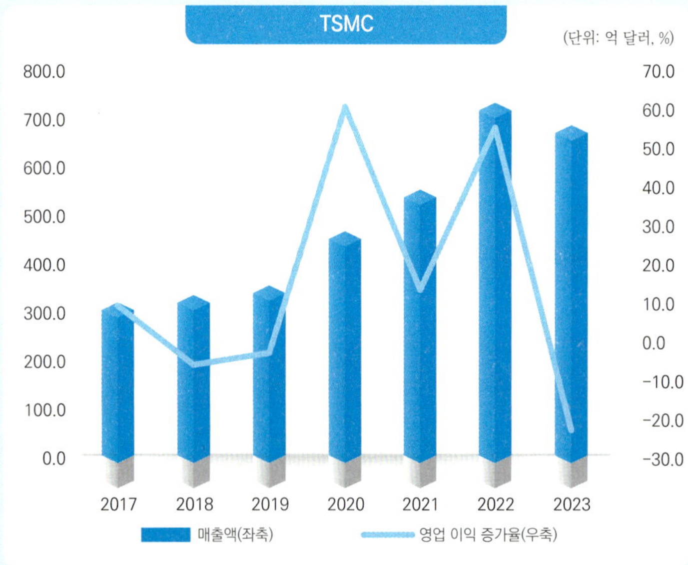


자료: TSMC Annual Report (2023)

서용 이미지 칩과 로직 칩을 생산하기 위한 대형 생산 시설 2곳을 짓기로 했다.

TSMC에게 좋은 일만 있는 것은 아니다. 2020년 트럼프 행정부가 중국의 화웨이와 반도체 거래를 금지하면서 TSMC는 매출에 큰 타격을 입었다. 매출의 17%를 중국에서 얻고 있는데 그 대다수는 화웨이와의 거래에서 나왔기 때문이다. 그렇다고 중국과의 모든 거래를 끊은 것은 아니다. 중국 난징에서 기존 공장 근처에 자동차용 반도체를 생산하기 위한 공장을 증설하겠다고 발표하기도 했다. 미국과 중국의 요구를 동시에 들어주는 것이다.

TSMC의 독보적인 위치는 다른 의미에서 대만의 안전판 역할을 하고 있다. Silicon Shied, 반도체를 방패막으로 미국과의 거래에서 협상 우위를 점하자는 속셈이다. 다른 한편으로는 TSMC는 코로나19 상황에서 정부를 대신해 백신 구매 협상을 주도하기도 했다. TSMC는 단순히 잘 나가는 기업 수준을 넘어 대만의 국가 어젠다를 끌고가는 독보적 위치에 있다.

TSMC가 파운드리 분야를 개척해 잘나가고 있다고 해서 파운드리 분야는 쉬운 분야가 아니다. TSMC 이외에 파운드리 기업은 삼성전자, 대만의 UMC, 미국의 Global Foundries, 중국의 SMIC 등 소수에 불과하다. 최근 인텔이 뒤늦게 이 분야에 다시 뛰어들었다.

반도체의 다른 분야와 다르게 파운드리 분야는 기술력과 고객 관리가 까다롭다. 기술력은 얼마나 미세 공정을 활용해 생산할 수 있느냐는 나노 기술로 대표된다. 현재 10nm 이하 미세 공정이 가능한 기업은 TSMC, 삼성전자 2개 회사에 불과하다. 파운드리는 고객의 주문에 따라 위탁 생산하는 기업이다. 고객의 까다로운 주문에 맞춰 다품종 소량 생산을 하게 된다. 애플, 구글같이 큰 고객을 잡으면 고객 수를 줄이면서 수익을 극대화할 수 있는 구조이다. 실제 TSMC가 거래하는 기업은 510개에 이른다. 이와 대별되는 메모리 분야는 소품종 다량 생산 체제이다. 큰 고객 위주로 관리하면 되는 것이다. 많은 기업들이 파운드리에 진입하고자 하나 어려운 이유는 기술과 고객이라는 파운드리 비지니스의 특징 때문이다.

## 반도체 연금술사: 내가 만들 수 없는 반도체는 없다

"반도체 설계와 생산을 다 잘하기는 힘들다. 설계 회사가 비용 부담 때문에 생산을 같이하기 힘들다면 여기에 기회가 있는 게 아닐까?"

Morris Chang張忠謀, 장충모은 대만 반도체의 대부로 추앙받는다. 1987년 그가 반도체 파운드리 기치를 내거는 순간부터 반도체 생산 시장은 완전히 다른 모습을 가지게 됐다. 영업 이익률매출대비 영업 이익 40%라는 경이적인 실적을 내고 있는 TSMC의 역사는 이렇게 시작됐다.

사실 Morris Chang은 미국의 반도체 회사인 Texas InstrumentTI에서 20여 년 일하면서 부사장까지 올랐던 전설적인 인물이다. 미국에서의 성공 신화는 반도체의 새로운 역사를 써내려가는 시작에 불과했다. 대만에서 반도체 신화를 만들어보자는 정부의 부름을 받고 애국심 하나를 들고 대만을 찾은 그였다. 50대 후반에 남은 여생을 편하게 보내기보다 반도체 불모지인 대만에서 고생을 사서한 이유이기도 하다.

Morris Chang은 세상에 없는 새로운 비즈니스 모델을 들고 돌아왔다. 그의 경영 방침은 오늘도 살아서 TSMC 경영의 나침반이 되고 있다.

“고객과 경쟁하지 않는다.” 반도체 설계 기업들은 생산 기업이 원하는 대로 만들어 줄 수 있다는 신뢰가 가장 중요하다. 생산을 의뢰한 제품에 대한 정보를 함구하는 것도 필수적이다. TSMC는 고객을 안심시키며 고객과 함께 성장한다는 슬로건으로 오늘의 자리까지 오르게 됐다. 더구나 뛰어난 반도체 패키징 기술까지 보유하고 있다. 많은 기업들은 반도체 패키징 문제 때문에 반도체가 정상이라도 원하는 신호 전달이 어려운 상황을 겪기도 한다.

“TSMC가 만들 수 없다면 지구상 아무도 그것을 만들 수 없을 거야.” TSMC에 대한 믿음은 그렇게 큰 자산이 되고 있다. 첨단 생산과 완벽한 패키징까지 책임지는 TSMC의 매력, 누가 이를 거부할 수 있겠는가?

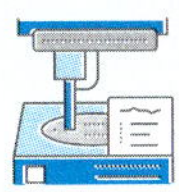

# 반도체 1위 기업

# 삼성전자

"170억 달러를 투자한다는데
제발 우리에게 와주세요"

미국의 지자체들은 심한 삼성앓이를 경험했다. 각자 자기 지역으로 삼성전자 공장을 끌어들이기 위해 세금 감면, 토지 무상 제공 등 파격적인 투자 인센티브 경쟁을 보였다. 한때 우리나라 기업 투자를 블랙홀처럼 빨아들이던 중국이 아니라 미국에서 벌어지는 일이다. 길게 끌어오던 공장의 최종 후보지가 텍사스주의 테일러로 확정됐다. 현재 운영 중인 오스틴 공장과 그렇게 멀지 않다. 투자 확정 소식에 텍사스주의 주지사를 포함한 모든 언론들은 격한 반응을 보이고 있다. 새로운 일자리를 2,000개 이상 만들게 됐다는 제목이 현지 신문에 대

문짝만하게 실린 것은 물론이다.

2021년 미국이 개최한 3차례의 반도체 공급망 회의에서 삼성전자는 파운드리 사업부가 참여했다. 미국의 반도체 정책이 첨단 기술을 가진 해외 공장의 미국 내 신·증설이기 때문이다. 삼성의 파운드리 기술력이 TSMC와 어깨를 나란히 하고 있기 때문에 생겨난 일이다. 삼성전자가 파운드리에서 돌파구를 찾아낼 수 있으면 확실한 반도체 1위 경쟁력은 가능할 것이다.

삼성전자의 미국 공장 증설은 인텔, TSMC와의 새로운 게임의 시작을 의미한다. 반도체 1위 기업으로 얼마나 롱런할 수 있는지 테스트 받게 될 것이다. 새롭게 반도체 파운드리 진출을 선언한 인텔, 삼성전자는 인텔의 본거지인 미국에서 인텔과 큰 싸움을 앞두고 있다. TSMC와는

자료: 삼성전자 Annual Report (2023)

미국에서 직접 경쟁하지 않았다. 삼성전자와 TSMC의 첨단 공장은 모두 한국과 대만에 있었기 때문이다. TSMC가 미국에 공장을 신설하기로 선언한 상황에서 제3국인 미국에서 TSMC와 삼성전자의 기술 경쟁의 전운이 감돌고 있다. 앞으로 미국의 Big Tech 기업들이 삼성전자, TSMC와 어떤 합종연횡을 이어가는지에 따라 단순한 반도체 게임이 아니라 글로벌 반도체 시장을 새롭게 그려가게 될 것이다.

한편, 미중 갈등의 여파는 여전히 삼성전자를 괴롭히고 있다. 오랫동안 거래해오던 중국의 기업들이 미국의 집중 공격으로 휘청거리고 있기 때문이다. 그나마 다행인 것은 중국이 생산하는 핸드폰의 총량에는 변화가 없다는 것이다. Xiaomi, Vivo, Oppo가 약진하면서 오히려 중국 핸드폰 생산 업체들의 수요가 증가하고 있다.

## 청출어람 : 내가 만드는 순간 새로운 신화가 된다

삼성전자는 1983년 64k DRAM 개발을 시작으로 선진 기업과의 기술 격차를 축소해왔다. 10여 년이 흐른 뒤인 1992년 세계 최초로 64M DRAM 개발을 시작으로 1994년 256M, 1996년 1G를 속속 출시한다. 1992년부터 사실상 삼성이 개발하면 새로운 업계 표준이 되는 삼성전자의 반도체 신화가 시작됐다. 2002년부터는 메모리 분야에서 압도적인 기술 경쟁력을 바탕으로 미국을 추월해 이 분야 'Global Number 1'에 이름을 올린 이후 현재까지 그 지위를 유지하고 있다.

삼성전자 내부에서 메모리의 지위는 확고한 반면 파운드리는 이제 기반을 만들어가고 있다. 삼성의 기술 로드맵에서 파운드리 사업은 2006년에야 시작됐다. 그러나 파운드리는 삼성전자가 가야 할 길이지만 헤쳐

가야 할 장애 요인도 만만치 않다. 기존의 메모리 반도체는 휴대폰, TV 등 탄탄한 내부 수요가 큰 힘이 됐다. 파운드리는 다품종 소량 생산의 특징을 가지고 있어 외부 고객을 발굴해야 한다. 비즈니스의 특성이 완전히 다른 것이다. 다시 말하면 메모리는 과감한 선제 투자와 대규모의 연구 개발, 생산 공정의 효율을 바탕으로 성장이 가능하다. 반면 파운드리는 창의적인 아이디어, 설계 능력 등 또 다른 능력을 요구한다. 그 결과 고객군도 메모리와 다르게 복잡하고, 다양한 고객들을 상대해야 하기 때문에 메모리와 완전히 다른 사업 구조를 갖고 있다.

비메모리 분야에서 삼성전자의 노력은 이미지 센서에서 나타나고 있다. 삼성전자는 2002년 이 시장에 뛰어들어 13년 만인 2015년 점유율 2위로 올라섰다. 삼성전자의 저력을 보여준 큰 사건이다. 이미지 센서는 핸드폰, 전기차에 활용도가 높아지며 시장 규모가 커지고 있는 대표적인 분야이다. 삼성전자는 2030년 이미지 센서 시장에서 글로벌 넘버 1을 목표로 하고 있다. 현재 이 시장은 소니가 40% 이상을 차지하고 있지만 삼성전자의 추격도 만만치 않게 진행되고 있다. 메모리 반도체의 설계와 공정 능력이 이미지 센서와 접목되면서 빠르게 시장 점유율을 높이고 있다.

## tip TSMC와 삼성전자의 최첨단 파운드리 경쟁

반도체 파운드리 비즈니스는 TSMC가 먼저 시작했으며 현재 시장을 선도하고 있다. 현재의 추세로 보면 삼성전자의 추격전이 매섭게 진행되고 있다. 파운드리의 최첨단 경쟁은 EUV를 얼마나 확보하는 가에 달려 있다.

### 파운드리 시장 점유율('23년 말)

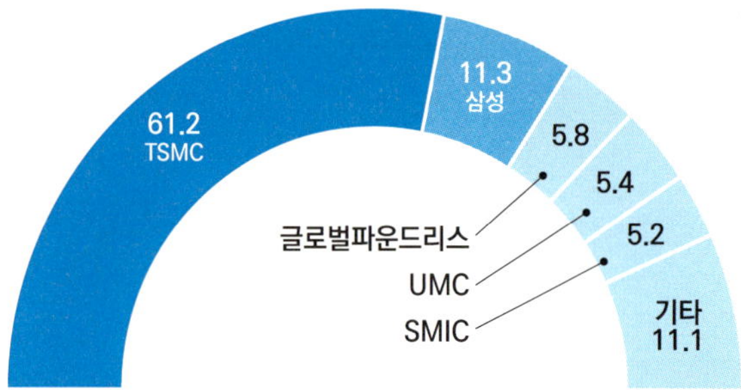


자료: 트렌드포스

### 삼성전자와 TSMC의 EUV 확보 경쟁

자료: 중앙일보(2021)

## tip EUV의 장점

EUV가 왜 중요한가? 반도체는 복잡한 공정을 통해 완성품이 만들어진다. 공정 절차를 줄이면 생산 효율을 높이고 불량률을 줄일 수 있다. EUV를 사용할 경우 기존 공정의 최대 1/5까지 공정 절차를 줄일 수 있다. 현재 ASML이 전 세계에서 유통되는 EUV를 독점 생산하고 있다.

### ASML의 EUV 내부 구조

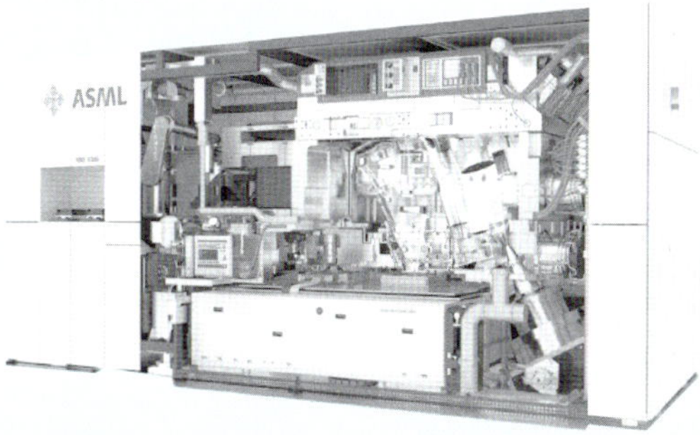


자료: 중앙일보(2021)

### EUV의 공정 효율

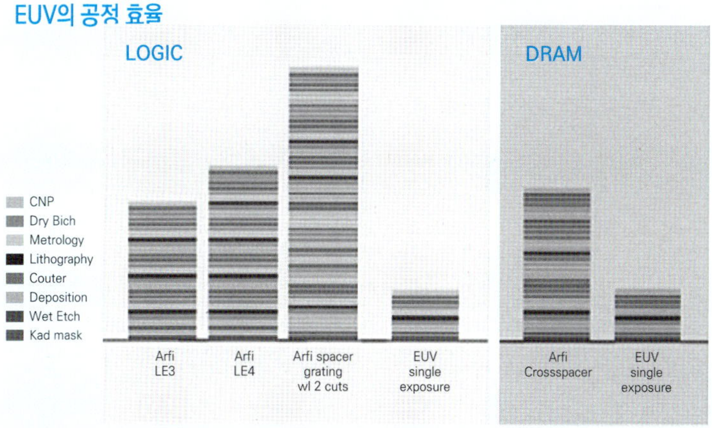


자료: EEWORLD(2020)

## tip 파운드리 기업의 기술 로드맵

파운드리의 핵심은 누가 앞선 나노 기술을 상용화하는지 여부이다. 2021년까지 삼성전자와 TSMC만 5nm기술을 상용화했다. 최첨단 공정 경쟁은 TSMC, 인텔, 삼성전자 등 3파전 양상이 점차 명확해지고 있다. 인텔의 로드맵이 가장 도전적이다. 2018년 파운드리 사업을 철수한 이후 절치부심하여 이 분야에 재진입하면서 New 인텔을 보여줘야 된다는 압박감을 갖고 있다. 기술 개발보다는 어떻게 불량품을 줄이고 수율을 높인 양산 체제를 보여줄지가 관건이다. EUV 장비를 처음 사용하는 인텔 입장에서는 시장의 의구심을 해소하는 것이 숙제이다. 인텔의 이런 노력에도 불구하고 TSMC, 삼성의 양강 체제는 당분간 굳건할 것이다.

| | tsmc | SAMSUNG | intel |
|---|---|---|---|
| 2024년 | 3nm | 3nm | 1.8nm |
| 2025년 | 2nm | 2nm | 1.4nm |
| 2026년 | 1.6nm | | |
| 2027년 | 1.4nm | 1.4nm | |

자료: 각 회사 홈페이지

## tip 반도체 생산 과정에서 EUV의 위치

반도체가 만들어지려면 설계, 생산, 패키징의 단계를 거친다. 특히, 미중 갈등의 국면에서 첨단 공정의 상징인 노광 공정 과정이 주목을 받고 있다. 노광 공정의 핵심은 EUV이며, EUV를 사용하느냐 못하느냐에 따라 최첨단 공정의 여부가 결정된다.

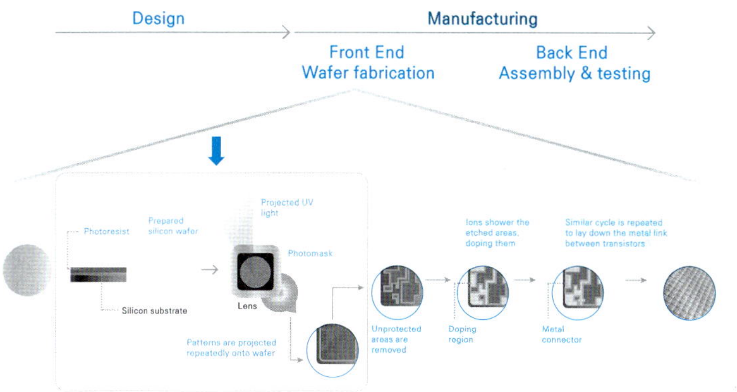


자료: 미국반도체협회(2021)

## tip EUV 장비의 글로벌 밸류 체인

ASML이 EUV 장비를 최종 생산하지만 EUV 장비가 만들어지기까지 5,000개 이상의 기업들이 참여하고 있다. 아래 그림은 EUV 장비가 나오기까지 비즈니스 파트너의 수를 지역별로 표시했다. ASML의 본사가 있는 네덜란드의 비즈니스 파트너 비중이 가장 높고 미국, 일본, 영국, 독일 기업들이 생태계에 들어가 있다. 미국은 광원Light source, 일본은 감광제Photoresist와 마스크Photomask, 영국은 진공 시스템, 독일은 렌즈와 레이저를 각각 공급한다.

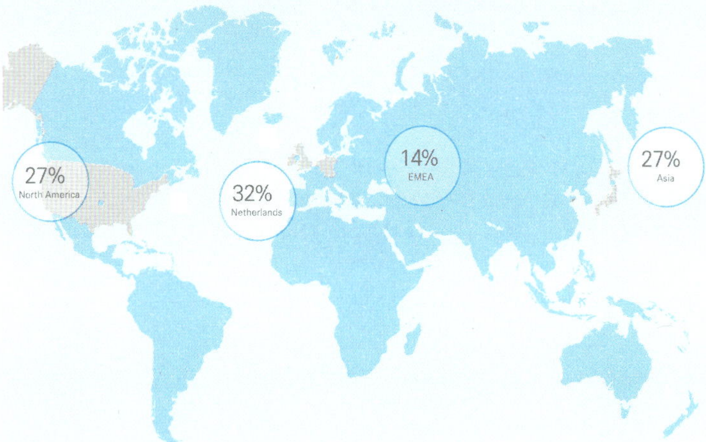


* EMEA는 Europe, the Middle East & Africa를 의미함

자료: 미국반도체협회(2021)

# '반도체의 두뇌'를 설계하는 ARM

"미중 경쟁은 기업의 숨통까지 조일 수 있다"

'반도체의 두뇌'를 설계하는 독보적인 기업 ARM. 반도체 설계 분야의 독보적인 기업도 미중 갈등은 피해가기 어려웠다. ARM은 미중 갈등이 정점으로 치닫는 시기에 중국 자회사인 ARM China의 경영권을 상실했다.

미국과 중국의 기술 전쟁이 한창이던 2018년, ARM의 중국 자회사인 ARM China의 대주주가 갑자기 중국계 펀드로 바뀐다. 이 중국계 펀드는 허우안 혁신 펀드厚安創新基金이며 이 펀드에는 중국 정부가 운영하는 실크로드펀드, 중국투자공사가 주주로 참여하고 있다. 2016년 ARM을 인수한 소프트뱅크의 손정의 회장이 지분 51%를 중국계 펀드에 매각했기 때문이다.

겉으로는 소프트뱅크의 경영난에 따라 손정의 회장이 지분을 매각한

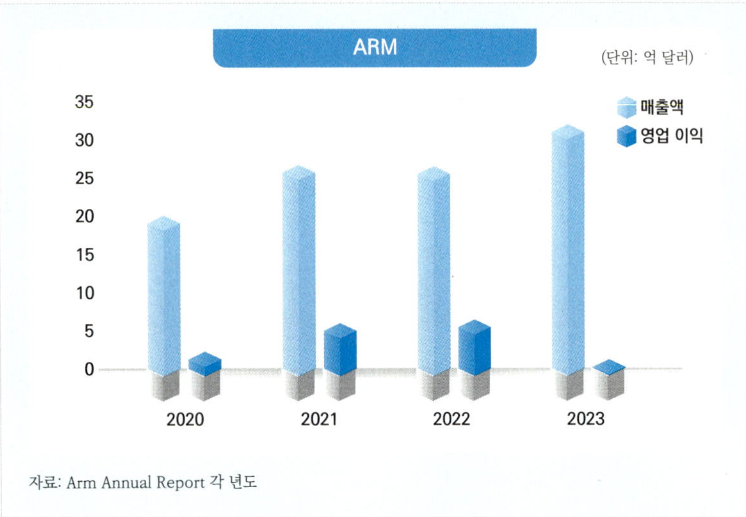


ARM은 2016년 9월 소프트뱅크에 인수되면서 일본의 회계 기준을 따르고 있다. 일본의 회계 기준은 4월부터 이듬해 3월까지이다.

것으로 보인다. 실제로는 중국의 반도체 굴기의 일환으로 해석하는 시각이 우세하다. 중국 입장에서는 글로벌 반도체 설계 IP를 독점하는 ARM을 갖고 싶은 것이 인지상정이다. 미국이 ARM 설계 기술의 중국 제공을 막는다면 중국 반도체는 올스톱되기 때문이다. 미중 갈등이 빚어낸 또 다른 모습이다.

ARM의 기구한 운명은 여기서 그치지 않는다. 2020년 9

**ARM China 지배 구조**

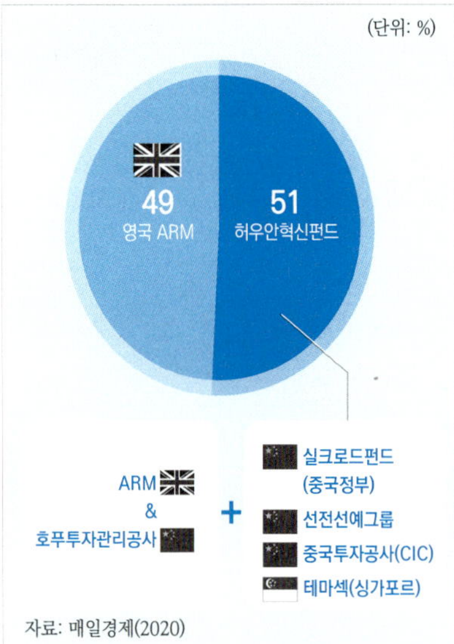

월 미국의 GPU 기업인 엔비디아가 소프트뱅크로부터 ARM을 인수하겠다고 선언했다. 기업 결합을 위해 중국의 '국가시장관리감독총국'SAMR의 벽을 넘어야 했다. 앞에서 언급한 것처럼 SAMR이 반대하면 최종 거래 성사가 어렵다. 더군다나 중국계 자본이 ARM China의 대주주이기 때문에 훨씬 더 조심스러울 수밖에 없다. 여기에 더해 ARM 기반 설계를 해오던 삼성전자, 애플, 퀄컴도 이 거래를 반대하고 나섰다. 굳이 가지고 싶지는 않지만 남에게는 허락하지 못하겠다는 것으로 해석된다. 결국 ARM은 중국을 포함한 각 국가의 규제 당국과 경쟁업체의 반대를 넘지 못했다. ARM의 대주주인 소프트뱅크 그룹의 손정의 회장은 엔비디아와의 거래가 막히자 매각보다는 기업 공개 쪽으로 방향을 전환한다고 밝혔다. 드디어 2023년 9월 ARM은 뉴욕 주식 시장에 화려하게 데뷔했다.

## 무언의 마술사 : 내가 그리지 못하면 반도체는 없다

"누구도 흉내내지 못할
독특한 사업 구조를 만들자"

ARM의 사업 구조는 특이하다. 반도체를 생산하거나 직접 설계를 진행하지 않는다. 다만 설계 표준을 장악하면서 이를 필요로 하는 기업에 지적 재산권IP, Intellectual Property을 판매한다. 지적 재산권을 제공하고 반도체 칩에서 발생하는 매출액의 일정 부분을 로열티를 받고 있다. 한마디로 '반도체의 두뇌'를 설계한다. 이런 사업 구조 때문에 반도체를 하는 모든 기업을 고객으로 두고 있다. 현재 스마트폰 AP의 95%는 ARM

설계를 기본으로 움직인다. 삼성전자, 애플, 퀄컴같이 모바일을 호령하는 기업들은 ARM이 제공한 설계도를 기반으로 자신에게 맞는 기능을 넣은 설계를 하는 것이다.

이런 비즈니스 구조에 대한 이해를 위해 파워포인트를 예로 들어보자. 일반인들은 마이크로소프트에서 제공하는 파워포인트를 활용해 자신의 개성에 맞게 디자인해서 사용한다. 파워포인트를 대체하는 새로운 Tool을 만드는 것보다는 만들어진 파워포인트를 잘 활용하는 것이다. 많은 사람들이 파워포인트를 사용하여 업계의 표준이 될수록 계속해서 사람들은 파워포인트를 매개로 연결된다. ARM은 파워포인트 같은 프로그램을 만드는 회사이다. 많은 회사들이 ARM을 사용할수록 ARM의 생태계는 자연스레 확장된다.

ARM은 성장 역사를 볼 때 애플과 깊은 관계로 연결돼 있다. 1990년 ARM이 런던에서 창립될 당시 애플은 300만 달러를 투자하며 주주로 참여했다. 창립 초기 애플의 부사장이 ARM의 CEO를 맡을 정도였다. 애플은 인텔과 매킨토시 컴퓨터 생산을 시작으로 2020년까지 협력을 계속했다. 그러다 2020년 애플이 인텔과의 결별을 선언한 것은 ARM의 존재가 있었기 때문이다. ARM의 기술을 사용하면 애플이 입맛대로 반도체를 설계할 수 있을 것으로 판단했다.

## ASML이 없으면 첨단 반도체는 없다

"이미 계약한 것도 못 팔게 하니
이게 말이 됩니까?"

2020년 4월, ASML 경영진은 허탈한 표정으로 옹기종기 사무실에 모여 대책 회의를 열었다. 중국의 파운드리 업체인 SMIC에 납품하기로 한 EUV 장비의 중국행이 막혔기 때문이다. 선적을 앞두고 네덜란드 정부에서 수출 승인을 내주지 않았다. 이는 미국이 네덜란드 정부를 압박했기 때문인 것으로 알려졌다. 정상적인 기업 간 계약도 미중 갈등이라는 큰 파고 앞에서 속수무책이다.

미국이 네덜란드 정부를 압박하기 위해 들고 나온 무기는 '바세나르 협정'이다. ASML이 독점적으로 생산하는 EUV에 대해 미국 규제를 직

자료: ARM Annual Report (2023)

접 적용하기 힘들자 국제 협정의 힘을 빈 것이다. 바세나르 협정Wassenaar Arrangement은 재래식 무기와 이중 용도민군 겸용 제품과 기술의 통제에 관한 국제 협정이며 1997년 출범했다. 냉전 시기 공산권 국가를 견제하기 위해 설립된 CoComCoordinating Committee for Multilateral Export Controls과 유사하다. 총회의 결과는 법적 구속력이 없어 42개 회원국은 가이드라인으로만 활용하고 있다.

바세나르 협정에 참가한 국가들은 매년 정기 총회를 개최한다. 정기 총회에서는 거래를 금지하는 기술과 제품을 발표하는 중요한 이벤트가 포함돼 있다. 2019년 12월 정기 총회에서 ASML이 독점 생산하는 EUV가 포함됐다. 미국의 논리는 이렇다. 바세나르 협정은 강제 규정이 아니지만 네덜란드 정부 대표가 총회에 참석한 것은 생각과 행동을 같이하는 데 동의했다는 것이다. 네덜란드 정부에서 계속해서 문제를 제기하자 미국은 2020년 10월 연방관보에 EUV를 포함함 상품 거래 금지 품목을 발표하고 법적 구속력을 높였다.

EUV가 어떤 제품이기에 미국이 이렇게 민감하게 받아들이고 있을까? 반도체 회로는 기판이 되는 웨이퍼 위에 빛에 반응하는 감광액을 바르고 그 위에 회로 설계도에 맞도록 빛을 쏘면 만들어진다. 이 공정을 포토 리소그래피photo-lithography라고 하며, 이때 사용하는 장비가 노광 장비다. 현재 노광 장비를 개발하고 있는 기업은 ASML, 니콘, 캐논 세 곳이다. ASML이 노광 장비 시장에서 차지하고 있는 비중은 85~90% 이며, EUV 노광 장비는 ASML이 유일하게 생산하고 있다.

반도체의 미세 공정 경쟁에서 EUV가 없으면 첨단 제품 경쟁을 포기하는 것과 같다. 원가 경쟁에서도 절대 불리한 위치에 놓인다. 반도체 생산과정은 복잡하기로 악명이 높다. 공정이 복잡할수록 불량 제품이 나올 확률이 높아지기 때문에 공정 단계의 축소는 기업의 경쟁력과 직결된다. EUV 장비는 반도체 생산 시간의 60%, 원가의 35%를 차지할 정도로 절대적인 위치에 있다. 그러다 보니 대당 2,000억 원을 호가해도 기업들이 서로 사겠다고 아우성인 것이다.

## 빛의 지배자 : 내가 나서야 명품 반도체가 된다

"ASML이 생산하는 노광 장비 없이는
첨단 반도체를 만들 수 없다"

ASML은 네덜란드 벨트호벤에 본사를 두고 있는 노광 장비 제조업체다. 빛을 이용해 반도체 회로를 그리는 노광 장비를 주로 만든다. ASML이 노광 장비 시장에서 강세를 보일 수 있던 것은 반도체 장비 중에서도 노광 장비 사업을 기반으로 설립된 회사이기 때문이다. ASML은 1984년 반도체 제조 장비업체 ASMIASM인터내셔널에서 리소그래피노광 사업부가 떨어져나와 네덜란드의 필립스와 합병해 설립한 기업이다. ASML의 'L'은 'Lithography'의 약자를 뜻한다. 회사가 출범할 때부터 회사의 정체성을 노광 장비에 둔 이유이기도 하다.

ASML은 2009년 실험실 수준에서 EUV를 활용한 22nm의 메모리 반도체를 만든 바 있다. 그러나 ASML이 EUV에서 앞서나갈 수 있었던 결정적 이유는 2013년 광원 회사인 미국의 Cymer를 인수하면서부터이다. 노광 장비의 핵심은 빛의 파장이 짧을수록 웨이퍼 위에 보다 정밀한 패턴을 새길 수 있기 때문이다. Cymer가 이 분야의 핵심 기술을 보유하고 있다.

ASML의 가능성을 알아본 반도체 회사들은 앞다퉈 ASML의 지분 인수에 참여하기도 했다. 삼성전자는 지난 2012년 ASML 지분 3%를 사들였다. 삼성전자와 비슷한 시기 인텔과 TSMC도 ASML 지분 15%, 5%를 각각 사들였다. ASML과 원활한 관계를 맺기 위해서였다. 하지만 이후 인텔은 보유 지분율을 현재 3%까지 대폭 낮췄고, TSMC는 2015년 지분 전량을 매각했다. 그 결과 ASML은 모든 반도체 생산 기업의 구애를 받고 있지만 그들과 경쟁하지 않는 독특한 위치를 점하고 있다.

ASML에 따르면 연간 EUV 장비 출하 대수는 2018년 18대, 2019년 26대, 2020년 31대, 2021년 42대다. 2022년 생산성을 개선해 연간 장비 판매 대수를 50대 수준까지 늘린다는 계획이지만 이마저도 현재 수요를 모두 감당하기엔 역부족이다.

EUV의 주 고객은 대만과 한국이다. 10nm 이하의 최첨단 공정을 상용화한 기업들이 몰려 있기 때문이다. 2021년 매출에서 대만은 39.4%, 우리나라는 33.4%를 차지했다.

# 불확실성과 혼전:
# Where to play

국가의 정책이 시장을 만들어가고, 기업들이 각자의 위치와 입장에서 최적의 선택을 하고 있다. 정부와 기업의 움직임이라는 두 개의 힘이 동시에 작용하면서 반도체의 성장 축이 몇 곳으로 집중되고 있다. 반도체에 종사하는 여러 기업들이 특정 지역에 모여서 생태계를 만들면서 글로벌 주요 지역에 반도체 도시들이 속속 그 자리를 공고히 하고 있다.

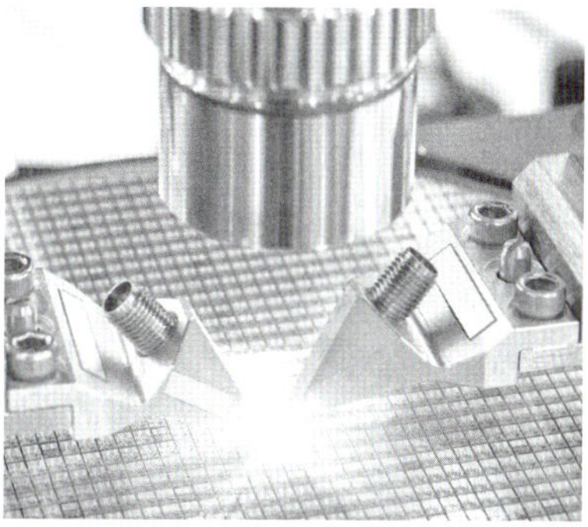

2020년부터 시작된 반도체 생산 시설의 재편 과정에서 부상하고 있는 대표적인 클러스터Cluster를 살펴본다. 이것은 단순히 관련 기업이 많이 모여 있다는 의미가 아니다. 현재의 첨단 기술로 공장이 들어서기 때문에 미래에도 시장을 이끌어갈 가능성이 높은 지역 위주로 살펴보겠다.

## 미국의 애리조나 · 텍사스

"글로벌 반도체 기업들이
Silicon Desert로 몰려들고 있다"

그랜드 캐년Grand Canyon을 품고 있는 사막의 도시 애리조나는 미국의 반도체 산업 부활의 특명의 받으며 첨단 반도체 전쟁의 최고의 수혜자가 되고 있다. 인텔이 반도체 왕조 재건을 위해 두 개의 첨단 공장 소재지로 이곳을 선택했고, TSMC는 미국 시장 공략의 첨병으로 애리조나를 낙점했다. 이것은 TSMC의 중국 이외 최초의 해외 공장이기도 하다. 앞으로 반도체 역사는 애리조나를 중심으로 전개될 가능성이 높아졌다. 전 세계 반도체 기업들은 애리조나에서 쏟아져 나올 뉴스 하나하나에 이목을 집중하게 될 것이다.

애리조나의 어떤 매력이 글로벌 기업들을 끌어들이고 있을까? 애리조나는 무엇보다 넓은 토지, 풍부한 인력, 자연재해가 없는 지역이다. 무엇보다 1950년대 모토롤라가 이 지역에서 연구 개발과 생산을 시작하면서 산업 기반이 잘 조성돼 있는 것이 가장 큰 매력이다. 이후 1980년대 인텔의 공장이 이곳에 집중되며 인텔의 성장과 생사를 같이해 왔다. 인텔의 부활 선언과 함께 애리조나가 다시 주목받고 있다.

거의 40년 동안 인텔의 도시로 불려왔던 애리조나는 기업 도시의 전형을 보여준다. 인텔은 애리조나에 연평균 83억 달러 이상의 경제적 이득을 안겨주고, 12,000명 이상의 고급 일자리도 창출하고 있다.

현재 인텔3개 공장, NXP1개 공장, 2020년 오픈를 비롯하여 마이크로칩Microchip과 메드트로닉Medtronic의 공장이 위치해 있다. 특히 네덜란드 반도체 기업인 NXP는 자동차와 5G 통신용 칩을 생산하기 위한 전진 기지로 이곳에 둥지를 틀었다.

반도체 기업들이 애리조나로 몰려들면서 이들 생산 기업과 직간접적으로 연결된 반도체 관련 기업들도 애리조나를 주목하고 있다. 그 결과 각 분야 반도체 1위 기업들이 이곳으로 몰려들면서 애리조나는 반도체 1등 기업들을 줄 세우고 있기도 하다. 실리콘 웨이퍼 업체인 일본의 Sumco, 장비 분야 절대 강자인 Applied Materials, Lam Research, ASML 모두 이 지역에 몰려 있다. 후공정 분야의 미국 내 1위 기업인 Amkor도 한 자리를 차지하고 있다. 반도체 생산에 관한 한 거의 모든 생태계가 구축돼 있는 셈이다.

애리조나는 미국 반도체의 본거지인 실리콘 밸리와 인접해 실리콘 밸리에서 개발된 제품을 빠르게 만드는 역할을 할 수 있는 조건을 갖추고 있다. 애리조나의 오른쪽에는 값싼 노동력을 바탕으로 반도체 후공정을 진행할 수 있는 뉴멕시코가 있다. 애리조나는 연구 개발-생산-후공정으로 이뤄지는 반도체 밸류 체인의 핵심적인 지리 조건을 갖추고 있다.

애리조나와 쌍벽을 이루고 있는 텍사스도 주목할 만하다. 오스틴은 실리콘 밸리와 오스틴의 낮은 구릉 지대를 조합한 Silicon Hills라고 불린다. 애리조나는 반도체 생산을 위한 장비업체, 파운드리 위주의 클러스터가 만들어지고 있다고 설명했다. 반면 오스틴은 반도체 생산과 더불어 반도체를 필요로 하는 수요 기업들까지 포진하고 있다.

삼성전자가 오스틴의 인근 지역인 테일러에 첨단 파운드리 공장을 짓기로 하면서 Silicon Hills가 재조명받고 있다. 여기에다 70년 역사를 지닌 텍사스의 터줏대감 Texas Instrument도 빼놓을 수 없다. Texas Instrument는 텍사스 북부를 중심으로 '반도체 텍사스'에 힘을 보태고 있다. NXP, 인피니온 등 유럽의 반도체 회사들도 이미 이 지역에 자리잡

## 미국 내 2021년 계획·신축 신규 팹

인텔은 애리조나에 두 개의 파운드리 공장과 뉴멕시코에 후공정 공장을 계획하고 있다. TSMC도 인텔 인근에 파운드리 공장을 계획하고 있으며, 향후 미국 내 5개를 추가하겠다고 발표했다. 삼성은 기존 공장이 있는 텍사스에 파운드리 공장을 짓기로 했다. Texas Instrument도 텍사스 북부에서 2022년부터 신규 팹을 건설할 계획이다. 글로벌파운드리는 기존 뉴욕 공장 옆에 공장 신설을 추진하고 있다.

고 있다.

반도체를 많이 사용하는 기업들도 오스틴으로 몰려들고 있다. 소프트웨어 기업인 오라클이 2020년 본사를 오스틴으로 옮겼다. 2021년 테슬라가 이 행렬에 합류하면서 미국 내 Big Tech 기업들의 오스틴행에 가속도가 붙고 있다. 많은 첨단 기업들은 실리콘 밸리의 높은 물가와 규제를 견디지 못하고 '실리콘 밸리 엑소더스'가 이어지고 있다.

그들의 목적지는 저렴한 세금과 양질의 인력이 있는 텍사스이다. 미국에서는 실리콘 밸리, 애리조나, 텍사스의 삼각 경쟁 구도가 만들어지고 있다.

## 독일의 드레스덴

"우리의 목표는 유럽 1위가 아니다.
세계 최대의 반도체 클러스터가 될 것이다"

독일의 동부 지역인 드레스덴은 옛 동독의 산업 지대였지만 최근 유럽의 미래를 이끌어갈 지역으로 다시 주목받고 있다. 370여 개의 회원사를 가진 Silicon Saxony라는 협회가 드레스덴을 기반으로 유럽 반도체의 미래를 주도하고 있다. 이 지역은 반도체 생산 자체뿐만 아니라 반도체를 많이 필요로 하는 로봇, 자율차 등 업체까지 몰려들어 '디지털 허브'를 지향한다.

반도체 분야로 좁혀 보면 독일 최대의 반도체 기업인 Infenion, 독일의 전장회사 Bosch의 자동차용 반도체 공장, 미국 파운드리 업체인 GlobalFoundires의 공장이 집중돼 있다. 파운드리 분야 글로벌 1위 업체인 TSMC도 이곳에 공장을 짓기로 하면서 드레스덴의 반도체 집중화 현상은 가속화될 것으로 보인다. 특히, TSMC는 보쉬, 인피니언, NXP 등 유럽의 대표 기업들과 ESMC Europe Semiconductor Manufacturing Company라는 합작 회사 형태로 진출한다. 생산자 TSMC와 수요자를 매칭하는 안전한 구조를 선택했다.

자동차용 전장업체인 Bosch는 자체 칩 생산을 위해 12억 달러를 투자한 첨단 공장을 '21년 7월 오픈했다. 자동차용 반도체 부족 현상이 심화되면서 자체 반도체 확보 방안을 실천하고 있다. Infenion, Global-Foundries는 각각 2개, 3개의 공장을 보유하고 있다.

드레스덴은 애리조나와 다르게 반도체 생산과 반도체를 수요로 하는

### 유럽 내 2021년 계획·완공 신규 팹

인텔은 독일에 2개의 파운드리 공장 신축, 아일랜드 공장 지금의 2배로 확대, 이탈리아에 후공정 공장 신축을 발표했다. 보쉬는 드레스덴에 자동차용 반도체 공장을 완공했다. 글로벌 파운드리도 드레스덴에 신규 공장 계획을 발표했다. 인피니언은 오스트리아에 공장을 신설하고 있다. TSMC는 독일 내 공장 부지를 물색하고 있으며 드레스덴을 1순위로 고려하고 있다.

기업군들이 모여 있다는 특징을 가지고 있다. 반도체 자체의 발전과 더불어 미래 첨단 산업에서 유럽의 미래를 이끌어가겠다는 다부진 포부가 읽히는 대목이다.

## 한국의 경기도

### "Giheung, Icheon으로 가주세요"

기흥과 인천은 외국인들의 러브콜을 받는 우리나라의 2개 도시다. 그들의 눈에는 우리나라에서 서울보다 중요한 도시가 이곳이며 인천 공항에서 바로 직행하는 목적지이다.

외국인들이 몰려들 다음 도시로는 판교, 화성, 용인이 될 가능성이 높아지고 있다. 우리나라 정부가 'K 반도체 벨트'를 발표하며 이 지역을 주목했기 때문이다. 'K 반도체 벨트'는 '코리아 반도체 벨트'이기도 하고, '경기도 반도체 벨트'이기도 하다. 한마디로 우리나라를 대표하는 반도체 벨트를 경기도를 중심으로 만들겠다는 마스터플랜을 마련했다. 경기도를 중심으로 반도체 벨트를 충청남북도까지 확대하는 내용을 골자로 한다. 한마디로 우리나라의 구석구석에 반도체의 씨앗을 뿌리겠다는 야심찬 계획이다.

세부적으로 보면 잘하는 분야는 계속 잘하고 부족한 분야는 보충하겠다는 것이다. 이 가운데 주목할 움직임은 설계와 소재·장비를 집중 육성한다는 내용이다. 비메모리 분야인 시스템 반도체를 육성하자는 구호는 요란했지만 이 분야를 콕 찝어 발표한 것은 우리나라 반도체 역사에 새로운 이정표가 될 것이다. 판교에서 K 반도체 벨트의 미래를 건 팹리스를 집중 육성한다. 미국의 인텔, 애플, 퀄컴 등에서 활동했던 엔지니어 출신들이 판교에 새로운 둥지를 트고 있는 것은 설계 분야에 대한 우리나라의 미래를 밝게 한다. 삼성전자와 하이닉스가 판교에 둥지를 트고 있는 팹리스와 같이 제품을 개발하기로 했다는 뉴스가 벌써 나오고 있다.

소재·장비도 새로운 역사를 만들어갈 준비에 나섰다. 지리적으로 화성, 용인을 중심으로 육성하겠다는 계획이다. 구체적으로 보면 삼성전자의 생산 시설이 집중된 화성 주변, 하이닉스가 투자를 확대하고 있는 용인에 집중돼 있다. ASML, Lam Research 등 소재·장비 분야의 내로라하는 글로벌 기업들이 이 지역에 투자하겠다는 의사를 적극적으로 표명하고 있다.

이 계획을 실현하기 위해 2030년까지 510조 원을 투자하겠다는 구상이다. 반도체 K벨트는 우리나라 반도체의 운명을 좌지우지할 것이다. 10여 년 뒤 경기도가 글로벌 반도체의 성지가 돼 성지 순례객이 몰려드는 상상을 해본다.

반도체 K벨트 전략은 미국과 중국의 공격적인 반도체 경쟁의 와중에서 우리나라가 내놓은 해결 방안이다. 애리조나·텍사스, 드레스덴 지역과 다르게 정부 주도로 만들어지고 있는 특징을 보이고 있다. 육성 분야도 반도체와 관련된 설계-생산-후공정을 포함한다. 반도체 수요 기반 확대보다는 반도체 자체에서 경쟁력을 확보하겠다는 의지로 읽힌다.

## K 반도체 벨트 구상

### 'K-반도체 벨트' 구축 주요 내용

**2030년까지 국내에 세계 최대 반도체 공급망 구축**

- 소재·부품·장비(소부장) 특화 단지
- 첨단 패키징 플랫폼
- 첨단 장비 연합 기지-용인·화성·천안
- 팹리스(설계) 밸리-판교 부근

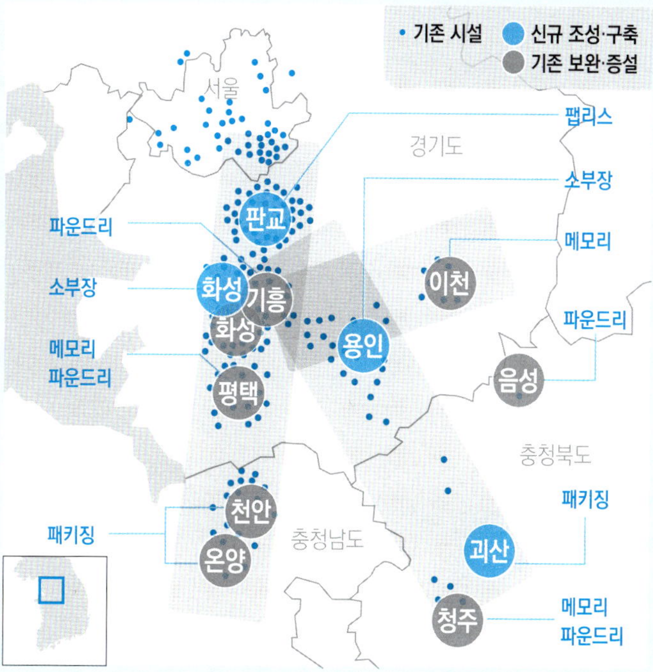


자료: 산업통상자원부(2021)

# Chapter 5

# 한국은
# 어디로 가나

Chapter

# 5

## 한국은 어디로 가나

- 반도체에 정부의 역할이 점차 중요해지고 있다
- 반도체 코리아의 위상
- 소재·장비의 Golden Age
- 나가며

2015년으로 거슬러 가보자. 미래창조과학부에서 광복 70년을 맞아 국가 경제 발전을 견인해온 과학 기술을 70개 선정했다. 1980년대의 성과에서 DRAM 반도체 개발이 1순위로 꼽혔다. 오늘날 우리나라가 기술 코리아로 성장한 데는 반도체를 빼놓고 말하기 어려울 정도로 당연한 결과이다. 그러고 보면 우리나라의 반도체 역사는 40여 년에 불과하다. 글로벌 산업 역사를 다시 써야 할 정도로 굉장한 성취이고 누구도 흉내내지 못할 기적을 일궜다.

미중 반도체 갈등과 디지털 혁신으로 우리나라의 반도체의 힘이 다시 주목받고 있다. 미국 대통령이 미국에 공장을 지어달라고 읍소하고 있다. 한 번도 경험해 보지 못한 상황이다. 앞으로의 상황은 유동적이고 우리가 현재 어떻게 하느냐에 따라 반도체 코리아의 미래는 달라질 것이다. 아주 오랫동안 반도체라는 황금을 낳는 거위를 가질 수도 아닐 수도 있다.

반도체 강국이면서 반도체 위기론이 계속 나오는 것은 메모리 하나에만 너무 치중해 있다는 것을 반증한다. 우선 반도체를 둘러싼 상황이 많이 바뀌고 있다.

디지털 혁신 차원에서 우리나라의 반도체 수요 기반이 약하다. 우리나라에서 생산된 반도체는 일부만 우리나라에서 소비된다. 나머지는 모두 전 세계 시장으로 나간다. 우리나라는 일본과 유사하게 반도체 소비는 생산의 1/3에 불과하다. 반도체는 많은데 정작 이를 사용할 곳이 마땅하지 않은 상황이다. 우리나라 내에서 반도체를 필요로 하는 산업을 키우는 수요 시장의 확대는 지상 과제이다.

디지털 혁신의 총아로 떠오르는 빅 데이터, 인공 지능, 메타버스 분야에서 성과를 내면 해볼 만한 도전이다. 반도체만 파는 것이 아니라 반도체가 다른 제품과 결합될 때 훨씬 높은 가치를 낼 수 있기 때문이다. 음

악, 영화, 드라마 등 문화 산업에서 K 콘텐츠 파워는 우리의 가능성을 먼저 보여주고 있다. K 콘텐츠와 반도체의 결합은 디지털 혁신 시대에 우리나라가 혁신의 아이콘을 선점할 수 있는 조건을 만들고 있다. 지금이 아니라 후손들이 그 결과물을 챙기더라도 말이다.

그리스와 로마를 여행한 사람들은 그 웅장함과 스토리에 반쯤 기가 죽기 마련이다. 그리스와 로마 사람들은 조상을 잘 만난 덕분에 후손들이 편하게 살고 있는 것이다. 우리의 후손들이 반도체 덕분에 잘 산다면 충분히 도전해볼 가치가 있다. 반도체만을 할 것인가, 반도체를 활용해 디지털 혁신을 리딩할 것인가? 현재 우리는 반도체에서는 잘하고 있다는 평가를 받을 뿐이다. 디지털 혁신의 리더가 되기 위한 도전의 씨앗도 서서히 뿌려지고 있다.

# 반도체에 정부의 역할이 점차 중요해지고 있다

정부, 기업, 소비자가 밀고 당기며 반도체 시장을 만들고 있다. 현재 진행 중인 반도체 전쟁은 정부가 뒷짐을 진 채 방관하지 말고 적극적으로 참여해야 한다는 명분을 만들고 있다. 우리나라의 경제 안보 분야 최고의 국책 연구소로 대외경제정책 연구원이 있다. 이 조직을 이끄는 김흥종 전 원장은 이런 상황을 글로벌 가치 사슬Global Value Chain, GVC에서 글로벌 공급망Global Supply Chain, GSC으로의 패러다임 전환이라고 요약하고 있다. 가치Value보다는 공급Supply으로 무게 중심이 움직이고 있다는 말이다. 다른 말로 하면 가장 저렴한 비용Lowest Cost을 추구하는 GVC보다는 가장 적합한 비용Best Cost을 추구하는 GSC로 추세가 바뀌고 있다는 것이다. 이런 과도기적인 혼란한 상황에서 위기를 막는 울타리를 치면서 산업을 키우는 정부의 역할이 중요해지고 있다. 기업은 경제와 안보가 결합된 복합적인 상황에서는 움직임이 제한적일 수 있다.

글로벌 가치 사슬은 각 국가가 자국의 비교우위를 바탕으로 가장 잘하는 분야에 집중하고, 여기에서 생산된 물건이 전 세계로 연결되는 것을 의미한다. 여기에서는 낮은 비용과 높은 효율성이 가장 중요한 요소가 된다. 반면 글로벌 공급망은 제품이 차질 없이 생산되고 소비자에게 원하는 만큼 제때 공급되는 것을 의미한다. 비용과 효율보다는 비용이 많이 들더라도 내가 있는 지역이나 그 근처에 생산 시설을 확보해야 함을 의미한다. 낮은 비용을 찾아 개도국으로 몰려들었던 투자의 시계가 거꾸로 돌아가는 글로벌화의 후퇴로 설명하는 사람들도 있다.

글로벌 공급망에서 중국의 영향력이 높아지고 있다. 중국산 부품과 완성품이 없으면 그 나라의 경제가 제대로 굴러가기 어려운 상황인 것이다. 이런 상황을 타개하고자 미국 정부는 미국 중심의 공급망 재편을 기치로 반도체, 배터리 등 첨단 제품 생산을 미국에서 하겠다는 선언을 하고 나섰다. 정부와 산업계가 한몸으로 움직이면서 글로벌 공급망도 함께 변할 것으로 보인다.

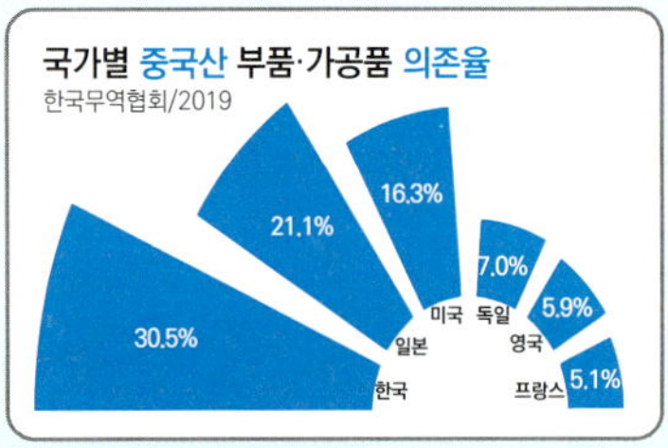


많은 국가들의 중국 Factory에 대한 의존도가 높아졌다. 그 가운데 우리나라는 단연 중국에 대한 의존도가 가장 높은 1위 국가이다.

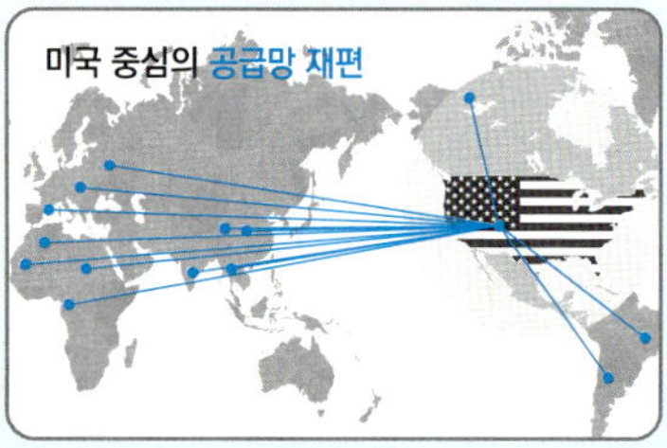


미국이 글로벌 공급망 재편에서 핵심으로 생각하는 4가지 분야는 반도체, 배터리, 의약품, 희토류이다. 우리나라는 반도체와 배터리에서 높은 경쟁력을 가지고 있다.

자료: KIEP 홈페이지 캡쳐(2021)

## tip 글로벌 가치 사슬에서 중국의 약진

글로벌 가치 사슬Global Value Chain은 특정 지역에서 비교 우위에 기반한 제품을 만들고 다른 나라에 제품을 제공하는 글로벌 분업 과정을 의미한다. 글로벌 가치 사슬의 변화는 2001년 중국이 WTO세계무역기구, World Trade Organization에 가입하면서 큰 변화가 시작됐다. Global Factory 기능이 강화되면서 중국이 부상한 반면 일본은 점차 그 기능이 약화됐다.

### [글로벌 공급 허브 변화]

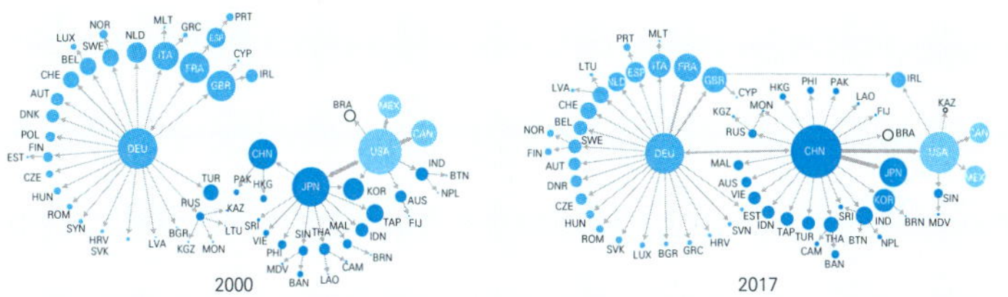


### [ICT 분야 글로벌 공급 허브 변화]

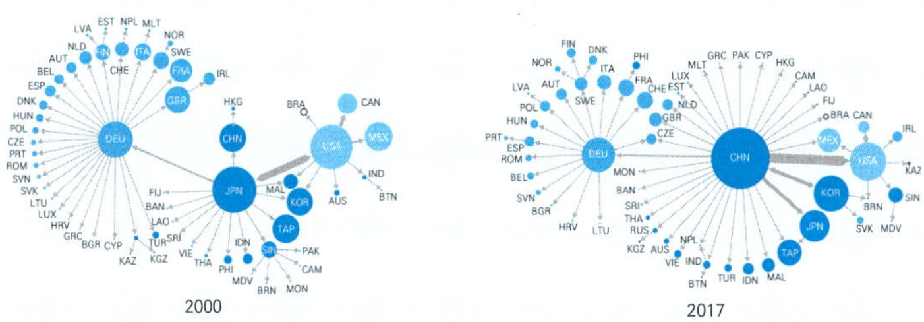


주 : 원의 크기는 부가가치 창출의 크기를 의미한다.
자료: Global Value Chain Development Report(2019), WTO, WB, OECD

그러나 중국의 생산 역량이 높아진 것과는 별개로 중국에서 창출하는 부가가치는 여전히 낮은 편이다. 애플의 아이폰 생산을 볼 때, 아이폰 X의 최종 판매 가격은 대당 1,000달러인 반면 중국 몫은 104달러에 불과하다.

[iPhone X의 무역 구조]

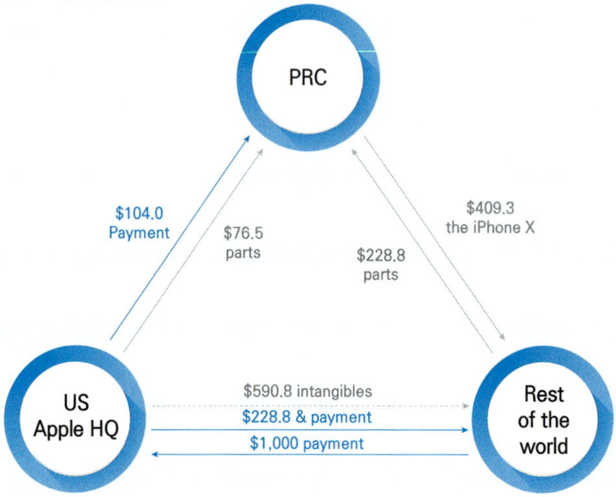


주1: HQ(본사); PRC(중국); Rest of the world(기타 국가)
주2: Intangibles는 iOS운영시스템, 브랜드, 디자인, 마케팅, 소매를 포함한다.
주3: 회색 선은 생산과 수출 관련 제품의 흐름, 파란 선은 소득의 흐름을 표시했다.
자료: Global Value Chain Development Report(2021), ADB

글로벌 공급망 관점에서 보면 미국은 자국 중심으로 공급망을 재편하겠다는 의지를 공공연히 표명하고 있다. 단순히 해외 기업을 미국으로 불러들이는 데에서 나아가 연구 개발의 압도적 우위를 바탕으로 첨단 생산의 부활까지 겨냥하고 있다. 미국이 가진 무기는 경제와 안보를 조합하는 것이다. 단순히 경제적으로 유불리를 떠나 안보를 모든 것의 상위 개념으로 놓고 새로운 판을 만들려 한다.

그러나 이미 최적화된 형태로 운영되는 글로벌 공급망은 하루아침에 바뀔 수 있는 성격이 아니다. 글로벌 공급망 재편에는 많은 시간이 필요하고 미국이 생각한 대로 100% 성공한다는 장담도 하기 어렵다. 그렇지만 공급망 안정화를 위해 미국 정부가 법률을 바꾸는 등 새로운 기회를 만든다면 기업들은 이를 마다할 이유가 없다. 과거에 이런저런 이유로 깐깐하게 외국인 참여에 비우호적이던 미국이 아닌가? 그런 미국이 양팔을 벌리고 Welcome을 외치며 외국 기업들을 받아들이는 것이다. 특히, 미국이 공을 들이는 R&D까지 문호를 개방하며 외국 기업이 노크하기를 기다리고 있다.

이에 발 맞추어 우리나라의 미국 투자는 기하급수적으로 증가할 것으로 보인다. 미국이 하고자 하는 공급망 안정화의 핵심 분야인 반도체, 배터리, 바이오에서 한국 기업들이 글로벌 경쟁력을 갖추고 있기 때문일 것이다. 미국이 생각하는 공급망 안정화에 한국과 한국 기업이 최적의 파트너가 될 수 있는 조건을 갖추고 있기도 하다.

그러나 현실적으로 중국 시장도 매력적이다. 우리나라 반도체의 40% 정도가 중국으로 실려간다. 중국은 Global Factory라는 별칭을 갖고 있지 않나? 중국은 전 세계 PC 생산의 70%, 휴대폰 생산의 51%, TV 생산의 36%를 차지하고 있다. 중국은 반도체를 많이 필요로 하고, 중국의 수요를 채워줄 수 있는 국가로서 우리나라가 좋은 조건을 갖추고 있다.

**중국의 글로벌 생산 점유율**

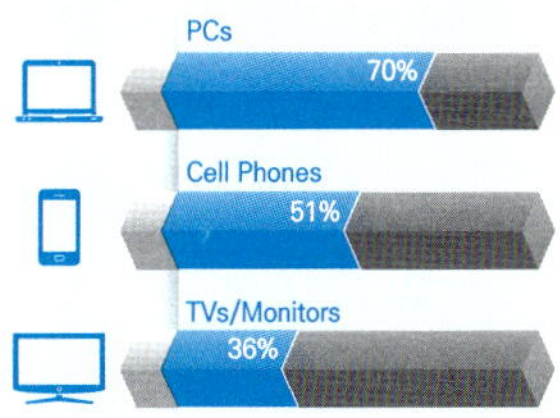


자료: 미국반도체협회(2021)

올림픽 종목인 역도 경기를 예로 들어보자. 전체를 지탱하는 막대기의 양쪽 끝에는 같은 무게의 바벨이 있다. 바벨의 무게가 어긋나는 순간 역기를 제대로 들기도 힘들고 잘못하면 선수가 다칠 수 있다. 현재 우리에게 필요한 것은 무게의 중심을 잡는 '바벨 전략'이라고 본다.

미중 반도체 갈등에 대해 우리나라 정부도 오랜 침묵을 깨고 본격적인 대응에 나섰다. 바벨의 균형을 잡는 데 정부에 대한 기대가 그만큼

**한국산 반도체의 중국 의존도**

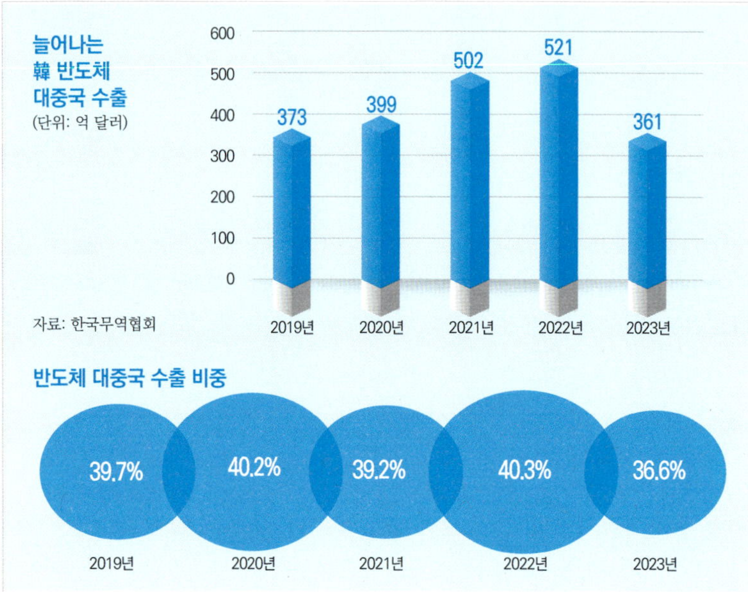


높기 때문이다. 정부는 2021년 9월 '대외 경제 안보 전략 회의'를 신설하기로 했다. 기존에 경제와 안보를 따로 분리해 운영하던 것으로 하나로 묶어 보다 유연하게 대응하겠다는 것이다. 이 전략 회의에는 경제 관련 부처 장관, 외교·안보 부처 장관, 국가안전보장회의 위원들이 참여하게 된다. 기존에는 안보 관련해서는 국가안전보장회의, 경제 관련해서는 대외경제장관회의를 별도로 운영해왔다.

# 반도체 코리아의 위상

현재 벌어지고 있는 반도체 게임은 새로운 영역에 대한 진출의 문턱이 낮아지면서 시작됐다. 반도체에 사용되는 기술이 일반화되면서 벌어진 일이다. 이런 상황을 헤쳐나가기 위해 어느 때보다 차가운 머리가 필요하다. 원칙적으로 말하면 잘하던 것을 더 잘하고 부족한 부분을 채워나가는 것이다.

반도체를 설계, 제조, 소재·장비로 크게 나눠볼 때 우리가 잘하는 분야는 메모리 반도체의 제조이다. 보완해야 하는 분야는 설계, 파운드리, 소재·장비처럼 우리의 존재감이 약한 분야이다. 이들 영역에서 삼성전자, 하이닉스 같은 규모의 기업이 추가로 몇 개 나온다면 우리나라는 확실히 승기를 잡았다고 말할 수 있을 것이다. 모든 분야를 다 잘하자는 것이 아니다. 설계, 파운드리, 소재·장비의 일부 핵심 분야에서 길목을 지키자는 것이다. 반도체의 특성상 각 국가와 기업이 가진 장점이 다르기 때문에 한 개 국가나 기업에서 반도체의 전 분야를 다 잘할 수는 없다. 앞으로 가야 할 길이 탄탄대로가 아니라 울퉁불퉁한 비포장도로라

### 글로벌 반도체 시장의 구조

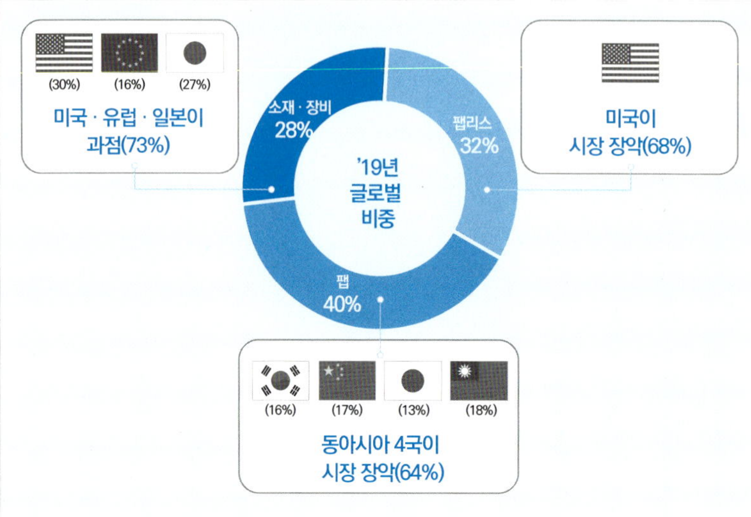


반도체는 크게 생산(Fab), 설계(팹리스), 소재·장비로 나눌 수 있다. 설계와 소재·장비는 미국, 유럽, 일본 등 선진국이 우위에 있다. 반면 동아시아 4국은 생산 시장을 장악하고 있다.

자료: CSET(2021), 미국반도체협회(2021) 데이터를 바탕으로 필자 작성

도 말이다.

반도체의 설계 부분은 팹리스로 불린다. 설계만 담당하고 설계가 끝나면 파운드리 업체에서 생산하는 구조이다. 이 분야에서 글로벌 50위 가운데 우리나라 기업은 1개 회사만 이름을 올려놓고 있을 뿐이다. 글로벌 상위권에는 미국퀄컴, 엔비디아, 브로드컴, 영국ARM과 대만미디어텍 기업들이 랭크되며 반도체 설계를 장악하고 있다. 설계와 생산을 같이하는 삼성전자, SK하이닉스의 설계 인력까지 합쳐도 시장의 수요를 감당하기에는 역부족이다. 이는 우리나라의 산업 전략과 맥을 같이한다. 앞선 선진 기술을 빨리 들여와서 생산하고 이를 매출로 연결하는 구조에 익숙한 우리나라의 모습이 그대로 반영돼 있다. 다른 말로 하면 우리나라가 이 분

야에서 치고 나갈 여지가 많은 것이다.

파운드리는 업의 특성상 첨단 공정과 직결된다. 초기 투자 비용이 높아 신규 진출 장벽이 높은 편이다. 삼성전자와 TSMC가 전체 시장의 70% 이상을 점유하는 양강 체제로 운영되는 이유이기도 하다. 대만의 장점은 파운드리 기술 수준과 이를 제품화하기 위한 마지막 단계인 패키징 기술의 결합에서 찾을 수 있다. 패키징 기업은 대만의 ASE, 미국의 Amkor, 중국의 JCET가 전체 시장의 60% 정도를 차지하며 3강 체제를 유지하고 있다. 파운드리와 패키징 회사를 같이 육성해야 함을 의미한다. 다행히 우리나라의 패키징 기업들은 삼성전자와 SK하이닉스의 생산 물량이 많아 성장할 가능성이 높은 것으로 생각된다. 실제로 일부 기업들은 한국 내 매출뿐만 아니라 글로벌 시장에서 존재감을 드러내며 치열한 경쟁 속에서 글로벌 기업으로 순탄하게 성장해가고 있다. 이들의 성장은 우리나라의 반도체 제조업 기반을 한 단계 높이게 될 것이라 기대해본다.

소재와 장비는 메모리이든 비메모리이든 모든 반도체 생산 공정에 필수 요소이다. 반도체의 역사가 긴 국가가 비교우위를 가질 수 있는 분야이다. 장비는 상위 5개 업체가 전체 시장의 70%를 장악하고 있다. 미국의 Applied Material, Lam research, KLA, 일본의 Tokyo Electron, 네덜란드의 ASML. 소재는 일본 기업이 절대 우위를 보이는 분야이다. 실리콘웨이퍼는 Shin-Etsu1위, Sumco2위, 포토레지스트감광제는 JSR이 1위 기업이다. 기업 규모가 크지 않고 이 분야에 전문화된 기업이라는 특징을 보인다.

반도체의 팹리스, 파운드리와 패키징, 소재·장비의 글로벌 상황은 우리나라가 진출할 때까지 기다려주지는 않는다. 그만큼 쉽지는 않다는 말이다. 일본이 2019년 반도체 소재에 대한 수출 규제의 예에서 보듯 언제든 수입이 막힐 수 있는 상황이다. 가야 할 길이 멀지만 천천히라도 가야 하는 분야인 것이다.

다행히 소재·장비는 미약하지만 한 걸음 한 걸음 발을 내딛고 있다. 장비 매출의 70%는 노광, 증착, 식각/세정에서 나온다. 미국, 네덜란드, 일본의 틈바구니 속에서 우리나라는 노광을 제외하고는 많은 분야에서 존재감을 보여주고 있다. 소재도 미국, 일본과는 많은 차이를 보이고 있다. 그러나 글로벌 메모리 반도체를 호령하는 거대 기업의 존재는 소재·장비 강국으로의 도약에 큰 힘이 될 것이다.

반도체를 기능 차원에서 나누면 메모리 반도체와 시스템 반도체로 구분할 수 있다. 시스템 반도체 시장의 규모가 메모리의 3배에 이르는 것으로 나타난다. 시스템 반도체로 나가기 위해서는 앞에서 설명한 설계, 파운드리와 패키징이 같이 움직여야 한다. 그러나 우리나라의 글로벌 점유율이 4~5%에 불과한 것은 그만큼 쉽지 않은 게임이라는 것이다. 더구

### 국가별 반도체 장비 점유율

| Wafer fabrication process | US | EU | CN[2] | KR | JP | Others | Market size ($B) |
|---|---|---|---|---|---|---|---|
| Lithography | 1% | 89% | | | 10% | | $17.5 |
| Photoresist processing | | | 3% | 5% | 92% | | $3.7 |
| Ion implant & doping eqpt | 83% | | | | 17% | | $2.5 |
| Thermal processes | 57% | 4% | 2% | 1% | 37% | | $2.9 |
| Deposition | 67% | 11% | 2% | 5% | 15% | | $22.8 |
| Material removal & cleaning | 56% | 0% | 5% | 4% | 35% | 0% | $30.5 |
| Manufacturing automation | 5% | | | 11% | 64% | 21% | $4.2 |
| Process control | 76% | 7% | | | 11% | 6% | $13.5 |
| Other | 1% | 8% | | 5% | 43% | 42% | $3.4 |

Top 3: $17.5, $22.8, $30.5

1–5% | 6–10% | 11–25% | 26–50% | 51–75% | 75–100%

자료: BCG·SIA(2024)

### 국가별 반도체 소재 점유율

자료: BCG·SIA(2024)

나 첨단 반도체를 많이 사용하는 구글, 애플, 테슬라 같은 기업들은 자체 반도체를 만들려는 노력을 계속 진행하고 있다. 시스템 반도체는 점차 넘사벽이 되고 있다. 반면 이들 기업들이 자기 회사에 적합한 반도체 설계에 집중한다면 이를 생산해줄 파운드리 시장은 기하급수적으로 확대될 수 있다.

다행히 우리나라가 시스템 반도체 분야에서 의미 있는 자리를 만들 수 있는 길이 열리고 있다. 바로 AI를 활용하는 것이다. 육상 경주를 예로 들어보자. 직진 구간에서는 큰 이변이 없는 한 원래 잘 달리던 사람이 앞서나가는 게 일반적이다. 그러나 곡선 구간에서 역전이 불가능한 것은 아니다. 직선 구간과 다른 경쟁 규칙이 적용되기 때문이다. 이런 곡선 구간에서 치고 나가는 데 AI는 구세주가 될 수 있다.

사실 시스템 반도체 분야의 설계와 제조는 오랫동안 축적된 노하우가 중요하다. 설계와 생산 과정에서 많은 오류를 잡아내면서 문제를 해결한 능력과 시간은 AI의 도움을 받을 수 있을 것이다. 결국 우리나라의 AI 경쟁력이 반도체 경쟁력과 직결되는 시대가 다가오고 있다. 애플, 인텔 같은 기업에서 시스템 반도체를 설계했던 한국인 전문가들이 속속 우리나라에서 창업의 대열에 합류하고 있어 미래를 밝게 하고 있다. 우리나라의 생산 능력과 스타트업의 협업은 우리나라의 반도체 생태계를 단단하게 만들 황금 조합이 될 수 있는 것이다.

더구나 글로벌 수준에서 뒤떨어지던 것으로 평가받던 우리나라의 AI 기술이 의미 있는 평가를 받고 있다. 글로벌 AI 경연 대회에서 우승했다는 뉴스가 연이어 나오고 있다. 이런 노력들이 모인다면 AI를 활용한 반도체 분야의 발전도 기대해볼 수 있을 것이다. 반도체 황금 시대를 열 수 있는 키를 가진 AI. 우리나라가 가진 반도체 분야의 생산 능력과 AI 기술의 결합은 우리나라 반도체 질주의 새로운 이정표가 될 것이다.

미중 갈등 상황에서 생존 방정식을 만드는 것은 또 다른 차원의 고민거리다. 미중 갈등은 반도체 시장의 판을 바꿀 수 있는 파괴력을 가지고 있기 때문이다. 반도체 코리아의 앞길에는 예상되지 않는 많은 변수들이 자리잡고 있을 것이다. 디지털 혁신에 따른 반도체 수요는 차지하고라도 미국의 반도체 재강국화, 중국의 끊임없는 도전 같은 요소가 반도체 시장을 흔들어놓을 수 있다.

미국은 반도체 정책을 통해 미국 내 Winner's Club을 만들고자 한다. 이미 시장에서 검증된 기업들을 끌어들이고 이를 미국 반도체 경쟁력 향상으로 연결시키고자 하는 것이다. 삼성전자, TSMC의 미국행은 기존 미국의 Big Tech 기업과 One body로 가야 한다는 것을 보여주고 있다. 미국이 전적으로 지원하는 인텔의 재부상 가능성도 빼놓을 수 없다. 이렇게 되면 미국 내 반도체 순위가 그대로 글로벌 반도체 순위가 될 가능성이 높다.

'토사구팽'이라는 말이 있다. 토끼를 잡기 위해서 사냥개가 필요하지만 일단 토끼 사냥이 끝나면 사냥개를 버린다는 속담이다. 일단 미국이 급해서 외국 기업들을 끌어들이지만 인텔 같은 미국 기업이 확실한 경쟁력을 가진다면 굳이 외국 기업을 환대할 이유가 없다. 현재 미국이 첨단 공정인 파운드리가 없어서 문제이지만 미국의 정책은 미래 경쟁력을 좌우하는 R&D에도 투자를 확대하고 있다. 상무부를 비롯하여 국방부, 과학 기술위원회 등 거의 모든 행정부를 망라해서 움직이고 있다. R&D의 결과물이 나오는 시점에 시장의 판도는 또다시 크게 흔들릴 가능성이 농후하다.

미국의 새로운 반도체 정책이 새롭게 반도체 시장을 만들어가고 있다. 미국에서 깐깐하기로 유명한 환경보호국을 설득하면서까지 반도체 육성에 올인하고 있다. 미국 정부의 기대대로 시장이 잘 굴러간다면 새로운 정책이 미국에 진출한 기업을 때리는 방망이로 바뀔 수도 있다. 미국의 속내를 계속해서 주시해야 되는 이유가 여기에 있다.

미국이 가고자 하는 방향은 어느 정도 예측이 가능해 비교적 쉽게 대응할 수 있다. 반면에 중국의 반도체에 대한 의지와 역량은 가늠조차 어렵다. 중국의 중앙 정부에서 반도체를 강조하면 지방 정부가 나서서 시장을 만드는 것은 이미 하고 있다. 과거 달 탐사나 핵폭탄 제조에서 보여주었던 중국의 집요함이 추가된다면 중국에 대한 우리의 가정도 대폭 수정해야 할지 모른다. 우리는 이미 이를 경험하고 있다. LCD, 휴대폰, 자동차 등 우리나라가 수십 년 동안 공을 들여 만들어놓은 우리나라의 대표 상품들이다. 이들 영역에서 중국 기술이 우리나라에 근접하거나 우리나라를 추월하는 모습을 지켜봤다. 반도체에서도 같은 현상이 벌어지지 말라는 법도 없다. 그나마 다행인 것은 미국이 전방위로 중국을 때리면서 우리나라가 약간 시간을 더 벌었다는 것이다.

반도체에서 중국이 못 가진 것은 풍부한 공장 운영 경험이다. 현재 글로벌 반도체 생산 시설이 가장 많이 들어서는 곳이 중국이다. 그렇다면 공장을 운영하기까지 많은 시행착오를 겪을 것이다. 결국 시간이 많은 문제를 해결해줄 수 있다. 과감한 선제적 투자, 대규모 연구 개발, 생산 공정의 효율화는 메모리 반도체의 특징이다. 중국은 반도체에 투자하는 Big Fund를 2014년부터 운영하고 있다. 1기 펀드 자금은 2018년까지 200억 달러가 투자됐고, 2019년부터 320억 달러에 달하는 2기 펀드도 운영하고 있다. 2024년부터 400억 달러를 웃돌 것으로 예상되는 3기 펀드도 투자를 진행하고 있다. 미국 제재의 메인 Target이면서 중국이 절대 열세를 보이는 반도체 장비에 주로 투자되는 것으로 알려졌다. 대규모 연구 개발은 2021년부터 시작된 14차 5개년 계획에서 구체적인 방향이 정해지면서 대규모 투자도 줄줄이 발표될 것이다. 전 세계에서 새로운 공장을 가장 많이 짓고 있으니 생산 공정의 효율화도 시간문제이다. 투자, 연구 개발, 생산 공정 첨단화 등 3개 분야에서 중국이 우리나라를 못 따라 올 이유가 없어 보인다.

더구나 중국은 설계, 생산, 소재·장비 등 반도체의 전 영역에서 '반도체 자립'을 내세우며 공세적인 투자를 하고 있다. 팹리스, 후공정, 소재·장비 등 일부 영역에서 이미 우리나라의 경쟁력을 앞서가기도 한다.

반도체 장비 분야가 대표적이다. 반도체 장비를 용도에 따라 세분화할 때 노광리소그래피, 17%, 증착23%, 식각/세정30% 등 3개 분야의 매출이 전체의 70%를 차지한다. 여전히 미국, 네덜란드, 일본이 시장을 장악하고 있지만 중국의 Catch-up 속도도 무시하기 어렵다.

중국이 첨단 공정에 필요한 노광 장비의 자체 개발은 이미 가시권에 들어오고 있다. 상하이마이크로전자SMEE는 28nm 공정에 필요한 노광 장비를 개발하고 곧 시험 생산에 투입하는 것으로 알려졌다. 아직 10nm

## 반도체 1기 Fund(2014~2019, 200억 달러)

투자 주체 (%)

| 구 분 | 내 용 |
|---|---|
| 재정부 | 36 |
| 국가개발은행 | 22 |
| 중국타바코 | 11 |
| E-Town | 10 |
| 중국이동통신 | 5 |
| 기타 | 16 |

투자 분야

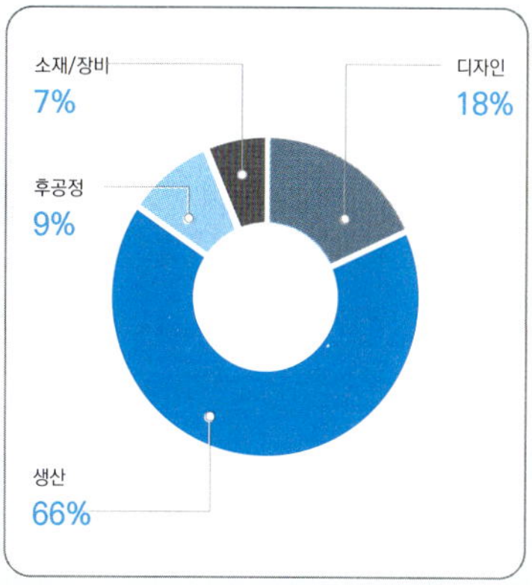


자료: BCG·SIA (2024)

## 반도체 2기 Fund(2019~현재, 320억 달러)

투자 주체 (%)

| 구 분 | 내 용 |
|---|---|
| 재정부 | 15 |
| 국가개발은행 | 11 |
| 상하이 궈셩 | 7 |
| 중국타바코 | 7 |
| E-Town | 5 |
| 기타 | 55 |

투자 분야

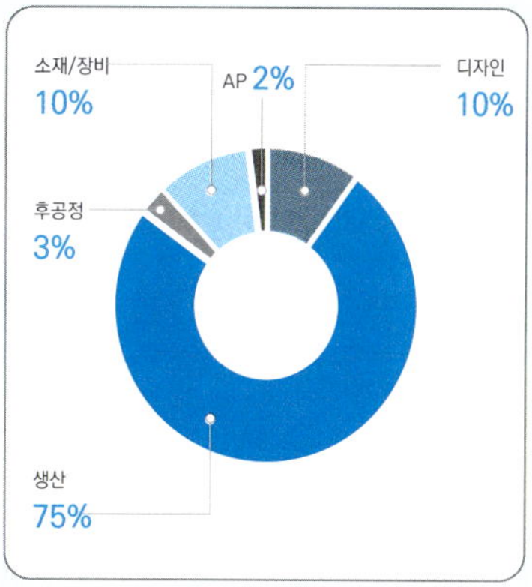


자료: BCG·SIA (2024)

이하의 노광 장비 개발에 기술력이 뒤떨어지지만 중국이 노광 장비를 자체생산하고 있는 것은 중국의 잠재력이 만만하지 않다는 것을 의미한다.

증착, 식각/세정 분야의 대표 주자는 '중국의 ASML'로 불리는 NAURA이다. 중국 내 최대의 반도체 장비 회사이다. 세계 최대의 반도체 장비 회사인 미국의 Applied Material과 유사한 비즈니스 구조를 갖고 있다. 이런 위상에 걸맞게 NAURA의 기술적 돌파는 중국의 반도체 장비 분야 독립과 직결된다. 미국이 장비 수출을 제한하면서 NAURA는 중국 시장을 거의 독식하고 있다. 그 결과, NAURA는 외형을 크게 불리며 2023년 처음으로 매출 기준 글로벌 8대 장비 기업으로 급성장했다.

그냥 열심히 하는 것이 아니라 목숨을 걸고 달려들면 당해낼 재간이 없다. 중국의 반도체 역량을 어떻게 해석하고 어떤 준비가 필요한지는 지금부터 차근차근 하나씩 준비해야 한다.

반도체 전쟁의 1라운드가 끝나면서 전선이 명확해지고 있다. 1라운드는 미국과 중국이 강한 연결에서 약한 연결로 바뀌는 결과를 만들었다. 점차 약한 연결마저 더 약하게 될 가능성도 높다. 1라운드의 끝이 진짜 끝난 싸움이 아니라 새로운 싸움의 시작이 될 것이다. 한 치 앞을 보기 힘든 상황에서 디지털이 아니라 아날로그식으로 하나씩 하나씩 더듬어 보며 나가야 할지도 모른다.

2라운드의 시작 지점에 보이는 가장 큰 특징은 국가 간 헤쳐모여와 자국 기업을 우선하는 팀 플레이로 요약된다. 국가 간 이해관계가 다르기 때문에 끼리끼리는 어찌 보면 당연하다. 그러나 과거와 달리 끼리끼리에 다른 국가를 배제하려는 숨은 뜻이 작동한다면 이야기는 달라진다. 일본에 반도체 생산의 모든 밸류 체인이 갖춰지고, 미국-일본-대만의 생산 네트워크가 맹위를 떨칠 준비를 하고 있다. 미래의 위협이 아니라 현재의 위협으로 나타나고 있다. 시장의 논리만이 아니라 지정학 관계를 함께 고민해야 함을 여실히 보여주고 있다.

자국 기업을 우선하는 팀 플레이의 대표적인 모습은 '팀 USA'로 나타난다. 미국 기업끼리 설계하고 생산까지 서로를 도와주는 구도가 고착화 과정에 접어들고 있다. MS와 인텔의 조합, 엔비디아와 마이크론 조합이 이미 구체화되고 있고, 향후 팀 USA의 조합은 더 늘어날 가능성이 높다. 정부와 기업의 '팀 Korea'만이 이런 파고를 넘을 수 있을 것이다.

미중 갈등과 디지털 혁신이 만들어낼 반도체 시장은 어디에서 의미있는 변화가 일어날까? 소재·장비 시장의 특성에 주목해보자.

# 소재·장비의 Golden Age

우리나라가 별로 크게 생각하지 않았던 소재·장비 쪽에서 의외의 길이 열릴 수 있다. 2018년 한국을 그렇게 괴롭혔던 일본의 수출 규제는 여전히 유효하다. 그런데 현재 반도체 시장에서 소재·장비 회사들은 반도체 생산 시설이 많은 지역이나 인접한 곳으로 공장을 지으려는 의지가 강하다. 우리나라의 대표 기업인 삼성전자와 하이닉스가 투자를 많이 하면 할수록 소재·장비를 공급하는 회사들은 그 근처로 모이게 돼 있다. 최근 들어 ASML, Lam research을 비롯하여 일본의 많은 소재·장비 업체들이 우리나라로 모이고 있다. 우리나라는 반도체 소재·장비에서 크게 도약할 수 있는 황금 같은 기회를 맞이한 것이다.

Material 소재는 독점성이 강하다. 한번 사용하면 쉽게 다른 제품으로 바꾸기 힘들다. 시장 지배력도 당연히 높다. 그래서 산업 기반과 산업의 역사가 강한 선진국들이 이 분야에서 약진하고 있는 것이다. 선진국의 전유물이며 선진국의 척도이기 때문에 쉽게 도전하기 어려운 특성을 가지고 있다.

2018년 일본이 반도체에 필요한 소재 세 가지에 대한 수출 규제를 하자 우리나라 기업들이 혼비백산한 상황을 상기해보자. 우리가 반도체 강국이라고 우쭐해 있었지만 이를 뒷받침할 소재 분야는 상당히 취약했다는 것을 확인했다.

인텔의 Insider 전략을 기억해보자. 전 세계에 판매되는 PC나 노트북은 각 회사들이 자사의 로고를 붙여 판매한다. 인텔은 이런 제품에 필요한 CPU를 공급한다. 산술적으로 삼성에서 파는 노트북보다 인텔이 내재된 노트북 판매가 훨씬 많은 이치이다.

Equipment 장비도 고려의 대상이다. 반도체의 기술 특성이 어떻든지 간에 반도체 공장이 확대될수록 공장을 운영하기 위한 장비는 비례해서 증가한다. 그런데 소재 회사와 마찬가지로 장비 회사는 늘어나는 수요만 보고 공장에 대규모 투자를 하지 않는다. 반도체는 호황과 불황을 오가는 사이클이 큰 산업이다. 호황만 믿고 먼저 생산 시설을 늘려놓기 힘든 한계를 갖고 있다. 이러다 보니 장비 회사들은 시장이 출렁일 때 같이 출렁이는 구조로 돼 있다. 우리나라의 반도체 장비 수요가 증가하고, 이웃한 중국에서 대대적 공장 증설이 이뤄지고 있는 시점이 반도체 장비에 대해 시각을 바꿔나갈 좋은 타이밍인 것 같다.

시장 상황도 소재·장비 투자에 우호적으로 흐르고 있다. 2021년 자동차용 반도체 부족으로 이미 홍역을 치른 바 있다. 앞으로는 소재·장비의 부족에 대비해야 한다. 미국을 비롯한 한국, 중국, 유럽, 일본에서 한꺼번에 경쟁적으로 반도체 생산 시설을 짓느라 여념이 없다. 일반적으로 매년 10개 정도의 팹이 새로 공급되는데 현재의 계획대로 진행된다면 매년 20개 이상의 반도체 공장이 새로 생기게 된다. 이미 부족 현상은 부분적으로 나타나고 있다. 반도체 회로 기판인 PCB가 부족해 반도체가 있어도 제품을 만드는 최종 단계 앞에서 막히는 현상들이 일어나고 있다. 본격적으로 부족 현상이 일어나면 많은 분야에서 이런 일들이 벌어질 것이다. 지금의 상황은 예고편에 불과하다.

일반적으로 반도체는 생산 라인 건설에 2~3년 소요되고, 이에 맞춰 장비를 들이고, 그다음에 소재를 구매하는 흐름이 있다. 현재 경쟁적으로 계획 중인 공장이 완공되는 2023년이 되면 장비와 소재의 부족은 충분히 예상된다. 소재·장비 회사에 물건을 구입하려고 장사진을 치는 모습이 그려진다.

물론 소재·장비 시장에 변수가 생길 여지도 충분하다. 우리나라가 아니라 미국 쪽으로 쏠릴 수 있다. 미국 정부가 미국 내 충분한 소재·장비 시장을 만드는 과정에서 미국의 장비 회사들이 해외 진출에 소극적으로 움직일 수 있다. 미국 내 충분한 시장이 만들어진다면 굳이 해외에 갈 필요가 낮아지는 것이다. 미국이 생각하는 공급망 안정화의 최종 Output의 영향력이 소재·장비 분야에도 드러날 수 있는 것이다.

# 나가며

반도체 코리아가 새로운 선택의 길목에 서 있다. 반도체는 디지털 혁신에서 핵심 역할을 하는데, 미중 갈등으로 반도체 시장이 많이 흔들리고 있다. 이런 상황에서 반도체 시장이 얼마나 더 흔들릴지조차 가늠하기 어렵다.

반도체를 쥔 국가가 세계를 지배할 가능성이 높으며 미중 게임은 거칠고 오랫동안 지속될 것이다. 글로벌 전문 기관들이 예측하는 미국과 중국의 GDP가 뒤바뀌는 시점인 2030년 전후까지는 말이다. 자국 내 새로운 가치 사슬을 만들려는 정책은 단기적으로 2~3년 안에 1차 승부가 예견돼 있다. 1차 승부가 나오는 시점에 세상은 많이 달라져 있을 것이다. 똑같은 파도에 맞닥뜨려도 이를 받아들이는 방식은 다르다. 파도가 몰아칠 것을 미리 알고 생산과 시장을 저울질하며 파도에 대응하기 위한 전략을 펼칠 수도 있다. 파도 자체가 새로운 도약의 디딤돌이 되기도 한다. 파도가 많기로 유명한 강원도 양양의 바닷가에 서퍼들이 몰려드는 이유도 여기에 있다. 1차 승부처에서 파도에 휩쓸릴 것인지 아니면 파도타기를 할지는 오늘의 선택에 따라 달라질 것이다.

반도체 없는 한국은 상상조차 하기 끔찍하다. 우리나라 수출의 19%, 설비 투자의 45%를 차지한다. 그만큼 순간의 선택이 운명을 좌지우지할 수 있다.

글로벌 필수재인 반도체에서 '대체 불가능한 역량' 확보는 경제적 가치뿐만 아니라 국가의 안보와 존재감으로 연결될 것이다. 현재의 움직임이 하나씩 쌓여서 결과물을 낳는 법이다. 이는 단순히 그 업계에 있는 전문가만의 영역이 아니다. 정부는 바람막이 역할을 해야 한다. 새싹이 잘 자라기 위해서는 토양, 온도, 비료, 보살핌이 필요하다. 반도체 영역에서 경제와 안보가 결합되면서 토양이 바뀔 수 있는 상황이다. 서로 협력하는 것처럼 보이면서도 경쟁하는 구도에서 정부는 한국이라는 토양을 잘 가꾸고 지키는 역할이 중요하다. 조급증으로 빨리 결과를 재촉해서도 안 된다. 그냥 기업이 공정하게 움직일 수 있는 환경을 만드는 데 집중해야 한다. 기업과 소통하고 기업의 애로 사항을 해결해주는 것 말이다.

기업들은 투자를 위한 의사 결정의 당사자이다. 어느 지역에 어떤 투자를 할지에 대한 판단은 과거의 경험이 큰 도움이 되지 않는다. 반도체 자체만의 문제가 아니라 인접한 산업과의 연결성이 늘어나면서 고려해야 할 요소가 증가한다. 가보지 않은 길이라 따져볼 새로운 요소도 늘어난다.

높은 탑을 쌓기 위해서는 기초 공사가 중요하다. 그다음에는 한 단계씩 정성을 들여야 한다. 필요하면 현재 쌓고 있는 탑의 모양과 높이까지 바꾸는 노력도 해야 한다. 복잡할 때는 초심으로 돌아가서 다시 생각해보는 것도 좋은 해결책이 될 수 있다. 방향성을 갖고 이런 노력이 더해져야 그나마 반도체 코리아는 유지될 수 있을 것이다. 반도체의 여러 영역 가운데 우리가 잘할 수 있는 영역을 선별해내고 정책과 자금이 이 분야에 집중하도록 만드는 것도 중요하다. 그러나 시간이 그렇게 넉넉하지 않다.

반도체 전쟁, 합종연횡의 Power

# 부록

내용 전개상 본문에서 생략했지만 꼭 알았으면 하는 내용을 담았다. 그림이나 표를 자세히 읽고 분석하면 누구나 반도체 전문가가 될 수 있다. 개인의 필요에 따라 활용하기를 추천드린다.

- Ⅰ. 국가와 반도체 : 1~6
- Ⅱ. 주요국 반도체 정책 : 7~15
- Ⅲ. 반도체 산업 & 기업 : 16~21

# Ⅰ. 국가와 반도체

## 1. 국가별 반도체 점유율 추이(1982~2019)

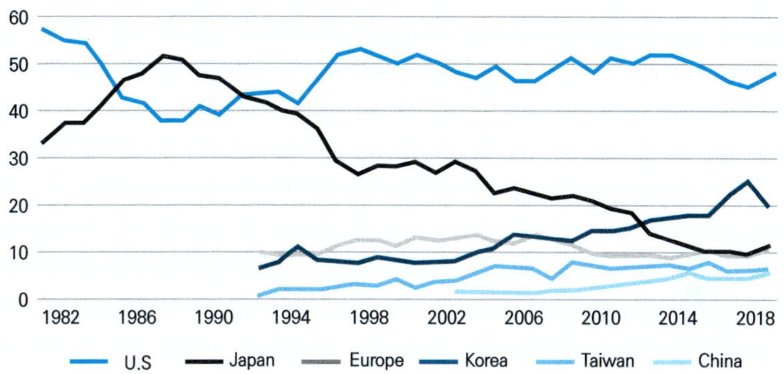


자료: CSIS(2021)

## 2. 반도체의 분야별 부가가치와 국가별 비중

| | Segment Value add | Market shares | | | | | | |
|---|---|---|---|---|---|---|---|---|
| | | U.S. | S. Korea | Japan | Taiwan | Europe | China | Other |
| EDA | 1.5% | 96% | 〈1% | 3% | 0% | 0% | 〈1% | 0% |
| Core IP | 0.9% | 52% | 0% | 0% | 1% | 43% | 2% | 2% |
| Wafers | 2.5% | 0% | 10% | 56% | 16% | 14% | 4% | 0% |
| Fab tools | 14.9% | 44% | 2% | 29% | 〈1% | 23% | 1% | 1% |
| ATP tools | 2.4% | 23% | 9% | 44% | 3% | 6% | 9% | 7% |
| Design | 29.8% | 47% | 19% | 10% | 6% | 10% | 5% | 3% |
| Fab | 38.4% | 33% | 22% | 10% | 19% | 8% | 7% | 1% |
| ATP | 9.6% | 28% | 13% | 7% | 29% | 5% | 14% | 4% |
| Total value add | | 39% | 16% | 14% | 12% | 11% | 6% | 2% |

주 : 국가별 비중은 기업의 본사 소재지 기준
자료: CSET(2021)

## 3. 글로벌 반도체 무역 구조

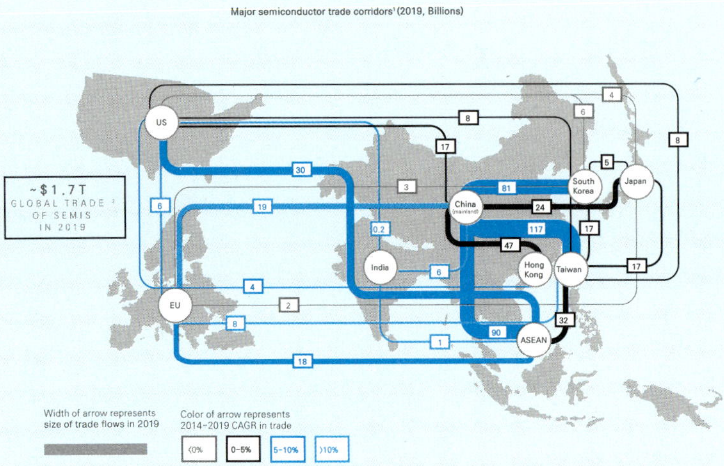


자료: 미국반도체협회(2021)

## 4. 미국의 주요 반도체 공장 분포

| Company | # of Fabs | Location | Products |
|---|---|---|---|
| GlobalFoundries | 2 | Malta, NY | Foundry |
| GlobalFoundries | 1 | East Fishkill, NY | Foundry |
| Intel | 2 | Chandler, AZ | IDM/Logic |
| Intel | 4 | Hillsboro, OR | IDM/Logic |
| Intel | 2 | Albuquerque, NM | IDM/Logic |
| Micron | 1 | Boise, ID | R&D/Pilot |
| Micron | 1 | Lehi, UT | IDM/Memory |
| Micron | 2 | Manassas, VA | IDM/DRAM |
| Samsung | 2 | Austin, TX | IDM/Foundry |
| Skorpios | 1 | Austin, TX | Pilot Fab |
| Texas Instruments | 1 | Richardson, TX | IDM/ Analog |
| Texas Instruments | 1 | Dallas, TX | IDM/ Analog |

자료: The White House(2021)

## 5. 미국의 주요 주별 반도체 고용 인력

| | 2019 Semiconductor Manufacturing Employment | % of U.S. Semiconductor Manufacturing Employment Total |
|---|---|---|
| California | 42,211 | 23% |
| Texas | 29,218 | 16% |
| Oregon | 26,894 | 15% |
| Arizona | 19,272 | 10% |
| Florida | 8,613 | 5% |
| Idaho | 8,214 | 4% |
| Massachusetts | 8,114 | 4% |
| New York | 6,822 | 4% |
| North Carolina | 5,283 | 3% |
| Washington | 3,320 | 2% |
| Top 10 States Total | 157,961 | 86% |
| United States Total | 184,632 | 100% |

자료: 미국반도체협회(2021)

## 6. 미중 반도체 부문별 경쟁력 비교

| 상 | 중 | 하 |
|---|---|---|

*Bold는 범주

### 6-1. 미국의 부문별 경쟁력

| **R&D** | **Lithography tool** | **Assembly & pkg** | **CMP** |
|---|---|---|---|
| | EUV scanner | Assembly inspection | |
| **Design** | ArF immersion | Dicing | **Ion implant** |
| **Logic** | ArF dry | Bonding | Low current |
| **CPU** | KrF stepper | Packaging | High current |
| **GPU** | i-line stepper | Integrated assembly | High voltage |
| **FPGA** | Mask aligner | | Ultra high dose |
| **AI ASIC** | E-beam lithograph | **Testing tool** | |
| **DRAM** | Laser lithograph | Memory | **EDA Software** |
| **NAND** | Imprint lithograph | System-on-a-chip | |
| **OSD** | Resist processing | Burn-in | **Core IP** |
| | | Linear & discrete | |
| **Fab** | **Deposition** | Handlers | **Raw material** |
| Logic | Chemical vapor | | |
| Logic foundry | Physical vapor | **Wafer & mask** | **Fab material** |
| Logic IDM | Rapid Thermal | Wafer manufacturing | Wafer |
| Advanced logic | Tube-based | Wafer & mask handling | Photoresist |
| Memory | Spin coating | Wafer marking | Photomask |
| Analog | Electrochemical | | CMP |
| Optoelectronic | | **Process control** | Deposition |
| Sensor | **Etch & Clean** | Wafer inspection | Electronic gase |
| Discrete | Dry etch & clean | Photomask inspection | Wet chemical |
| | Atomic layer etch | Wafer level inspect | |
| **ATP** | Wet etch & clean | Process monitoring | **Pkg material** |

자료: The Semiconductor Supply Chain : Assessing National Competitiveness(2021), CSET

## 6-2. 중국의 부문별 경쟁력

| **R&D** | **Lithography tool** | **Assembly & pkg** | **CMP** |
|---|---|---|---|
| | EUV scanner | Assembly inspection | |
| **Design** | ArF immersion | Dicing | **Ion implant** |
| Logic | ArF dry | Bonding | Low current |
| CPU | KrF stepper | Packaging | High current |
| GPU | i-line stepper | Integrated assembly | High voltage |
| FPGA | Mask aligner | | Ultra high dose |
| AI ASIC | E-beam lithograph | **Testing tool** | |
| DRAM | Laser lithograph | Memory | **EDA Software** |
| NAND | Imprint lithograph | System-on-a-chip | |
| OSD | Resist processing | Burn-in | **Core IP** |
| | | Linear & discrete | |
| **Fab** | **Deposition** | Handlers | **Raw material** |
| Logic | Chemical vapor | | |
| Logic foundry | Physical vapor | **Wafer & mask** | **Fab material** |
| Logic IDM | Rapid Thermal | Wafer manufacturing | Wafer |
| Advanced logic | Tube-based | Wafer & mask handling | Photoresist |
| Memory | Spin coating | Wafer marking | Photomask |
| Analog | Electrochemical | | CMP |
| Optoelectronic | | **Process control** | Deposition |
| Sensor | **Etch & Clean** | Wafer inspection | Electronic gase |
| Discrete | Dry etch & clean | Photomask inspection | Wet chemical |
| | Atomic layer etch | Wafer level inspect | |
| **ATP** | Wet etch & clean | Process monitoring | **Pkg material** |

자료: The Semiconductor Supply Chain : Assessing National Competitiveness(2021), CSET

# Ⅱ. 주요국 반도체 정책

## 7. 미국의 수출 관련 Country Group과 적용되는 Rules

미국이 관리하는 수출 관련 Country Group과 해당 국가에 적용되는 Rule은 수출통제규제EAR, Export Administration Regulations에 따라 상무부 산하 산업안보국에서 관리하고 있다. Country Group은 2021년 3월 8일 개정본이며, 적용되는 Rule은 2019년 11월 5일 개정본이다.

### Country Group과 적용되는 Rule의 관계

**Country Group**(2021.3.8 개정)

| Group | 내용 |
|---|---|
| A | • 국제 무기수출 협정 가입국<br>- Wassenaar Arrangement<br>- Missile Tech Control Regime<br>- Australia Group<br>- Nuclear Suppliers Group<br>• 해당 국가(52개)<br>- 큰 국가(한국 포함) |
| B | • 특별한 조건 없음<br>• 모든 국가(175개) |
| C | • 공란 |
| D | • 특정 기술, 무기 소유, 개발국<br>- National Security<br>- Nuclear<br>- Chemical & Biological<br>- Missile Technology<br>- U.S Arms Embargoed Countries<br>• 해당 국가(48개)<br>- 중국, 홍콩, 북한 포함 |
| E | • 테러리스트 지원 & Embargo<br>• 해당 국가(4개)<br>- 북한, 쿠바, 이란, 시리아 |

**Country Group별 적용 Rules**(2019.11.5 개정)

최종 가격에서 미국산 기술, 제품 사용 비율

• 0% Rule : 군사 무기 또는 군사 무기에 사용될 Item
- 해당 국가(25개)
: D그룹 가운데 U.S Arms Embargoed Countries(21개)
: E그룹 전부(4개)

• 10% Rule: 음식, 약을 제외한 대부분의 Item
- 해당 국가(4개)
: E그룹 전부

• 25% Rule: 음식, 약, 일부 Software를 제외한 Item
- 해당 국가
: E그룹을 제외한 대다수 국가

## Country Group A

| Country | [A: 1] Wassenaar Participating States | [A: 2] Missile Technology Control Regime | [A: 3] Australia Group | [A: 4] Nuclear Suppliers Group | [A: 5] | [A: 6] |
|---|---|---|---|---|---|---|
| Albania | | | | | | X |
| Argentina | X | X | X | X | X | |
| Australia | X | X | X | X | X | |
| Austria | X | X | X | X | X | |
| Belarus | | | | X | | |
| Belgium | X | X | X | X | X | |
| Brazil | | X | | X | | |
| Bulgaria | X | X | X | X | X | |
| Canada | X | X | X | X | X | |
| Croatia | X | | X | X | X | |
| Cyprus | | | X | X | | X |
| Czech Republic | X | X | X | X | X | |
| Denmark | X | X | X | X | X | |
| Estonia | X | | X | X | X | |
| Finland | X | X | X | X | X | |
| France | X | X | X | X | X | |
| Germany | X | X | X | X | X | |
| Greece | X | X | X | X | X | |
| Hungary | X | X | X | X | X | |
| Iceland | X | X | X | X | X | |
| India | X | X | X | | X | |
| Ireland | X | X | X | X | X | |
| Israel | X | | | | | X |
| Italy | X | X | X | X | X | |
| Japan | X | X | X | X | X | |
| Kazakhstan | | | | X | | |
| Korea,South | X | X | X | X | X | |
| Latvia | X | | X | X | X | |
| Lithuania | X | | X | X | X | |

| Country | [A: 1] Wassenaar Participating States | [A: 2] Missile Technology Control Regime | [A: 3] Australia Group | [A: 4] Nuclear Suppliers Group | [A: 5] | [A: 6] |
|---|---|---|---|---|---|---|
| Luxembourg | X | X | X | X | X | |
| Malta | | | X | X | | X |
| Mexico | X | | X | X | | X |
| Netherlands | X | X | X | X | X | |
| New Zealand | X | X | X | X | X | |
| Norway | X | X | X | X | X | |
| Poland | X | X | X | X | X | |
| Portugal | X | X | X | X | X | |
| Romania | X | | X | X | X | |
| Russia | | | | | | |
| Serbia | | | | X | | |
| Singapore | | | | | | X |
| Slovakia | X | | X | X | X | |
| Slovenia | X | | X | X | X | |
| South Africa | X | X | | X | | X |
| Spain | X | X | X | X | X | |
| Sweden | X | X | X | X | X | |
| Switzerland | X | X | X | X | X | |
| Taiwan | | | | | | X |
| Turkey | X | X | X | X | X | |
| Ukraine | | X | X | X | | |
| United Kingdom | X | X | X | X | X | |
| United States | X | X | X | X | | |

## Country Group B
## Countries

Afghanistan
Albania
Algeria
Andorra
Angola
Antigua and Barbuda
Argentina
Aruba
Australia
Austria
The Bahamas
Bahrain
Bangladesh
Barbados
Belgium
Belize
Benin
Bhutan
Bolivia
Bosnia & Herzegovina
Botswana
Brazil
Brunei
Bulgaria
Burkina Faso
Burundi
Cameroon
Canada
Cape Verde
Central African Republic
Chad
Chile
Colombia
Comoros
Congo(Democratic Republic of the)
Congo(Republic of the)
Costa Rica
Cote d'Ivoire
Croatia
Curaçao
Cyprus
Czech Republic
Denmark
Djibouti
Dominica
Dominican Republic
Ecuador
Egypt
El Salvador
Equatorial Guinea
Eritrea
Estonia
Ethiopia
Fiji
Finland
France
Gabon
Gambia, The
Germany
Ghana
Greece
Grenada
Guatemala
Guinea
Guinea-Bissau
Guyana
Haiti
Honduras
Hungary
Iceland
India
Indonesia
Ireland
Israel
Italy
Jamaica
Japan
Jordan
Kenya
Kiribati
Korea, South
Kosovo
Kuwait
Latvia
Lebanon
Lesotho
Liberia
Lithuania
Luxembourg
Macedonia, The Former Yugoslav Republic of
Madagascar
Malawi
Malaysia
Maldives
Mali
Malta
Marshall Islands
Mauritania
Mauritius
Mexico
Micronesia, Federated States of
Monaco
Montenegro
Morocco
Mozambique
Namibia
Nauru
Nepal
Netherlands
New Zealand
Nicaragua
Niger
Nigeria
Norway
Oman
Pakistan
Palau
Panama
Papua New Guinea
Paraguay
Peru
Philippines
Poland
Portugal
Qatar
Romania
Rwanda
Saint Kitts & Nevis
Saint Lucia
Saint Vincent and the Grenadines
Samoa
San Marino
Sao Tome & Principe
Saudi Arabia
Senegal
Serbia
Seychelles
Sierra Leone
Singapore
Sint Maarten(the Dutch two-fifths of the island of Saint Martin)
Slovakia
Slovenia
Solomon Islands
Somalia
South Africa
South Sudan, (Republic of)
Spain
Sri Lanka
Sudan
Surinam
Swaziland
Sweden
Switzerland
Taiwan
Tanzania
Thailand
Timor-Leste
Togo
Tonga
Trinidad & Tobago
Tunisia
Turkey
Tuvalu
Uganda
Ukraine
United Arab Emirates
United Kingdom
United States
Uruguay
Vanuatu
Vatican City
Western Sahara
Zambia
Zimbabwe

## Country Group D

| Country | [D: 1] National Security | [D: 2] Nuclear | [D: 3] Chemical & Biological | [D: 4] Missile Technology | [D:5] U.S. Arms Embargoed Countries |
|---|---|---|---|---|---|
| Afghanistan | | | X | | X |
| Armenia | X | | X | | |
| Azerbaijan | X | | X | | |
| Bahrain | | | X | X | |
| Belarus | X | | X | | X |
| Burma | X | | X | | X |
| Cambodia | X | | | | |
| Central African Republic | | | | | X |
| China(PRC) | X | | X | X | X |
| Congo, Democratic Republic of | | | | | X |
| Cuba | | X | X | | X |
| Cyprus | | | | | X |
| Egypt | | | X | X | |
| Eritrea | | | | | X |
| Georgia | X | | X | | |
| Haiti | | | | | X |
| Iran | | X | X | X | X |
| Iraq | X | X | X | X | X |
| Israel | | X | X | X | |
| Jordan | | | X | X | |
| Kazakhstan | X | | X | | |
| Korea, North | X | X | X | X | X |
| Kuwait | | | X | X | |
| Kyrgyzstan | X | | X | | |
| Laos | X | | | | |
| Lebanon | | | X | X | X |
| Libya | X | X | X | X | X |
| Macau | X | | X | X | |

| Country | [D: 1] National Security | [D: 2] Nuclear | [D: 3] Chemical & Biological | [D: 4] Missile Technology | [D:5] U.S. Arms Embargoed Countries |
|---|---|---|---|---|---|
| Moldova | X | | X | | |
| Mongolia | X | | X | | |
| Oman | | | X | X | |
| Pakistan | | X | X | X | |
| Qatar | | | X | X | |
| Russia | X | X | X | X | |
| Saudi Arabia | | | X | X | |
| Somalia | | | | | X |
| South Sudan, Republic of | | | | | X |
| Sudan | | | | | X |
| Syria | | | X | X | X |
| Taiwan | | | X | | |
| Tajikistan | X | | X | | |
| Turkmenistan | X | | X | | |
| United Arab Emirates | | | X | X | |
| Uzbekistan | X | | X | | |
| Venezuela | X | X | X | X | X |
| Vietnam | X | | X | | |
| Yemen | X | | X | X | |
| Zimbabwe | | | | | X |

## Country Group E

| Country | [E: 1] Terrorist Supporting Countries | [E: 2] Unilateral Embargo |
|---|---|---|
| Cuba | | X |
| Iran | X | |
| Korea, North | X | |
| Syria | X | |

# 8. 미국의 반도체 정책

## 8-1. 반도체 인센티브

| 관련 규정 | 정책 운용 |
|---|---|
| **국방수권법**<br>**USICA***<br>United States Innovation and Competition Act<br><br>• CHIPS for America Act<br>Creating Helpful Incentives produce to Semiconductors | **520억 달러 지원**<br>• 공장 신증설(390억 달러)<br>- '22년 190억 달러<br>* 자동차, 군사용 Legacy Chip 20억 달러 포함<br>- '23~'26년 매년 50억 달러<br><br>• 상업화 R&D(105억 달러)<br>- '22년 50억 달러, '23년 20억 달러<br>- '24년 13억 달러, '25~'26 매년 11억 달러<br><br>• 국방 펀드(20억 달러)<br>- '22~'26년 매년 4억 달러<br>- 국방 관련 기술 개발<br><br>• 국제 펀드(5억 달러)<br>- '22~'26년 매년 1억 달러<br>- 해외 동맹과 기술 안보 협력 |
| • Endless Frontier Act | **1,200억 달러 지원**<br>• 기초 기술 R&D, 인력 육성 등<br><br>• 자동차, 군사용 Legacy Chip 20억 달러 지원 프로그램과 연계 |

## 8-2. 반도체 규제

| 구분 | 관련 규정 | 정책 운용: 상무부 (BIS, 산업안보국) | 정책 운용: 재무부 (OFAC, 외국자산통제국) |
|---|---|---|---|
| 제한 | **국방수권법** | | |
| 제한 | • ECRA: 수출<br>Export Control Reform Act | • EAR 규정 따라 수출 규제<br>Export Administration Regulation<br>- **국가:** A, B, C, D, E 구분<br>- **기업:** Black list 확정·관리<br>- **상품:** 상거래 통제 목록 | |
| 제한 | • FIRRMA: Inflow Investment<br>Foreign Investment Risk Review Modernization Act | | • CFIUS 심의<br>Committee on Foreign Investment in the United States |
| 제한 | • 수입 | • 블랙리스트 확정 · 관리 | |
| 제한 | **국제비상경제권한법** | | |
| 제한 | • Executive Order | • 수출입 관련 블랙리스트 확정 ·관리 | • 투자 관련 블랙리스트 확정 · 관리 |
| 제한 | • Outflow Investment | | • 블랙리스트 확정 · 관리 |
| 제재 | | • 수출 기업이 End-user 보고 의무화<br>• 블랙리스트 기업에 수출 시 수출 기업도 블랙리스트에 등재<br>• 단 사전 허가 시 거래 가능 | • 위반 시 금융 제재 (자산 동결, 달러 결제망 불허)<br>재무부 이첩 후 금융 제재 |

## 9. 중국의 반도체 정책

### 9-1. 반도체 인센티브

**관련 규정**

**행정부 규범**

- **발개위, 재정부, 세무총국, 공업신식화부, 상무부, 해관총국 공동 발표**
  - 중국에 설립된 모든 기업은 똑같은 혜택

**정책 운용**

**법인세 면제 및 감면**

- **제조**
  - 28nm 이하(10년 면제), 65nm 이하(5년 면제 + 5년 12.5%), 130nm 이하(2년 면제 + 3년 12.5%)
- **디자인, 장비, SW, 소재, 패키징 & 테스트**
  - 2년 면제 + 3년 12.5%
- **핵심 디자인, SW 기업은 5년 면제 + 10%**

**수출입**

- **수입 관세 면제**
  - 로직과 메모리 칩 생산 기업(65nm 이하), 첨단 패키징·테스트 기업이 핵심 소재, 장비, SW를 수입할 경우
- **수출 지원**
  - 상무부가 해외 판매 지원, 수출 금융·보험 지원

**투융자**

- **반도체 펀드 투자 확대**
  - 중앙·지방 정부의 자금 적극 활용
  - 기업 채권 발행, IP 담보대출 우선권

**반도체 투자 펀드**

CICIIF
(China Integrated Circuit Industry Investment Fund)

- **2014년 1기 펀드 1,500억 달러 조성**
  - 중국 내외의 인수·합병 활성화 → 기업 규모 확대
  - 대표적인 기업 육성 → Tsinghua Uni, SMIC
- **2019년 2기 펀드 289억 달러 조성**
  - 소재·부품·장비 업체 육성

## 9-2. 반도체 규제

| 관련 규정 | 정책 운용 | |
|---|---|---|
| **행정부 규범**<br>• 주로 무역을 담당하는 상무부가 관리<br>• 외국인 투자 관련 발개위 관할 | 수출 금지·제한 기술목록 ('20.8) | • 23개 첨단 기술 분야를 추가하여 전체 164개로 증가<br>- (금지)위성 컨트롤 시스템, 정밀 지도 제작<br>- (제한)3D 프린팅, 양자 암호, 드론, AI |
| | 신뢰할 수 없는 기업 List ('20.9) | • 중국판 블랙리스트(Unreliable Entity List)<br>• 중국의 국가 주권, 안보를 침해하거나, 중국 기업이나 개인에 대한 차별적 조치를 가할 경우 지정<br>→ 제도만 만들어놓고 실제 시행은 안 함 |
| | 수출통제법 ('20.10) | • 미국의 ECRA와 유사 |
| | 외국법의 부당한 역외 적용 대응법 ('21.1) | • 부당한 외국법을 따르는 제3국 기업들에 손해배상 청구 가능(중국 내 법원)<br>• 피해를 본 중국 기업들에 정부의 지원 근거 마련 |
| | 외국인투자 안전심사법 ('21.1) | • 중국 국가 안보에 영향을 주는 투자 사전 심사<br>• 발개위 주도로 중국 기업 투자에 대한 외국인 투자자의 인수 합병에 대한 심사<br>- (심사 대상) 방위 산업, 국가 안보 관련 외국인 투자자의 지분이 50%를 넘을 경우 |
| | 反외국제재법 ('21.6) | • 외국이 자국 법률에 근거해 국제법을 위반하여 중국 기업이나 개인에 차별적인 조치를 취할 경우, 관련 외국인·기업을 블랙리스트로 관리 |

## 10. 중국의 해외 반도체 인수 시도 사례

| 연 도 | 피인수 대상 | 분 야 | 인수 주체 | 결 과 |
|---|---|---|---|---|
| 2014 | Omnivision | CMOS | Hua Capital Management | 인수 성공 |
| 2015 | Micron Technology | 메모리 | Tsinghua Unigroup | 철회 |
|  | ISSI | 팹리스 | Uphill Investment | 인수 성공 |
|  | Mattson Technology | 식각 장비 | Beijing E-Town Capital | 인수 성공 |
| 2016 | Western Digital Corporation | 메모리 | Unisplendour Corporation | 불허·철회 |
|  | Aixtron SE | 증착 장비 | Fujian Grand Chip Investment Fund | 대통령 지시·불허 |
| 2017 | Lattice Semiconductor Corp. | 팹리스 | Canyon Bridge Capital Partners | 대통령 지시·불허 |
| 2018 | Qualcomm | 팹리스 | Broadcom | 대통령 지시·불허 |
|  | Xcerra | 테스트 장비 | UNIC Capital Management Co. | 불허·철회 |

자료: 연원호(2021), KIEP

## 11. 중국의 Tech Node별 장비 국산화 현황

| 장 비 | 마스크 얼라이너 | 식각 장비 |  |  | 박막형 실리콘 증착 |  | 산화물 반도체 열처리 장비 | 이온 주입기 | CMP | 세정기 |
|---|---|---|---|---|---|---|---|---|---|---|
|  |  | 실리콘 식각 장비 | 금속 식각 장비 | Dielectric Etching Machine | PVD | CVD |  |  |  |  |
| 기업 | 상하이 마이크로 전자 | NAURA | NAURA | 중웨이 반도체 | NAURA | NAURA 선양뤄징 | NAURA | CETC | CETC 화하이 칭커 | NAURA 상하이성 메이 |
| 130nm | ✓ | ✓ | ✓ | ✓ | ✓ | ✓ | ✓ | ✓ | ✓ | ✓ |
| 90nm | ✓ | ✓ | ✓ | ✓ | ✓ | ✓ | ✓ | ✓ | ✓ | ✓ |
| 65nm |  | ✓ | ✓ | ✓ | ✓ | ✓ | ✓ | ✓ |  | ✓ |
| 45nm |  | ✓ | ✓ | ✓ | ✓ | ✓ | ✓ | ✓ |  | ✓ |
| 28nm |  | ✓ | ✓ | ✓ | ✓ | ✓ | ✓ | ✓ |  | ✓ |
| 14nm |  | ✓ | ✓ | ✓ | ✓ | ✓ | ✓ |  |  |  |
| 7nm |  |  |  | ✓ |  |  |  |  |  |  |

자료: SK증권(2021)

## 12. 바세나르 협정

1997년 출범했으며, 재래식 무기와 이중 용도 제품과 기술의 통제에 관한 국제 협정이다. 냉전 시기 공산권 국가를 견제하기 위해 설립된 CoCom Coordinating Committee for Multilateral Export Controls과 유사하며, 42개 국가가 참여하고 있다.

| 지 역 | 국 가 |
| --- | --- |
| 유럽·러시아 | 오스트리아, 벨기에, 불가리아, 크로아티아, 체코, 덴마크, 에스토니아, 핀란드, 프랑스, 독일, 그리스, 헝가리, 아일랜드, 이탈리아, 라트비아, 리투아니아, 룩셈부르크, 말타, 네덜란드, 노르웨이, 폴란드, 포르투갈, 루마니아, 슬로바키아, 슬로베니아, 스페인, 스웨덴, 스위스, 우크라이나, 영국 |
| 아메리카 | 아르헨티나, 캐나다, 멕시코, 미국 |
| 아시아·기타 | 호주, 일본, 터키, 인도, 한국, 뉴질랜드, 남아공 |

자료: Wassenaar Arrangement 홈페이지(wassenaar.com)

### 12-1. 2019년 12월 정기 총회에서 개정된 이중 용도 품목 통제 리스트 표지

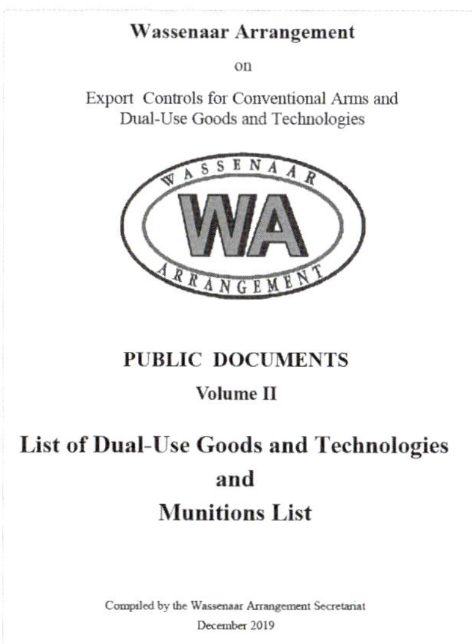
**Wassenaar Arrangement**

on

Export Controls for Conventional Arms and
Dual-Use Goods and Technologies

WASSENAAR WA ARRANGEMENT

**PUBLIC DOCUMENTS**

**Volume II**

**List of Dual-Use Goods and Technologies**
**and**
**Munitions List**

Compiled by the Wassenaar Arrangement Secretariat
December 2019

## 12-2. 바세나르 협정의 EUV 관련 내용

**DUAL-USE LIST - CATEGORY 3 - ELECTRONICS**

3. B. 1. i. Imprint lithography templates designed for integrated circuits specified by 3.A.1.;

3. B. 1. j. Mask "substrate blanks" with multilayer reflector structure consisting of molybdenum and silicon, and having all of the following:
1. Specially designed for 'Extreme Ultraviolet' ('EUV') lithography; and
2. Compliant with SEMI Standard P37.

<u>*Technical Note*</u>
*'Extreme Ultraviolet' ('EUV') refers to electromagnetic spectrum wavelengths greater than 5 nm and less than 124 nm.*

3. D. <u>SOFTWARE</u>

3. D. 1. "Software" specially designed for the "development" or "production" of equipment specified by 3.A.1.b. to 3.A.2.h. or 3.B.

3. D. 2. "Software" specially designed for the "use" of equipment specified by 3.B.1.a. to f. or 3.B.2.

3. D. 3. 'Computational lithography' "software" specially designed for the "development" of patterns on EUV-lithography masks or reticles.

<u>*Technical Note*</u>
*'Computational lithography' is the use of computer modelling to predict, correct, optimise and verify imaging performance of the lithography process over a range of patterns, processes, and system conditions.*

## 12-3. 2020년 10월 미국의 연방 관보와 EUV 관련 내용

NATIONAL ARCHIVES AND RECORDS ADMINISTRATION
LITTERA SCRIPTA MANET
1985

# FEDERAL REGISTER

Vol. 85 Monday,
No. 193 October 5, 2020

Pages 62539–62920

OFFICE OF THE FEDERAL REGISTER

62584 Federal Register / Vol. 85, No. 193 / Monday, October 5, 2020 / Rules and Regulations

**DATES:** This rule is effective October 5, 2020.

**FOR FURTHER INFORMATION CONTACT:** For general questions, contact Sharron Cook, Office of Exporter Services, Bureau of Industry and Security, U.S. Department of Commerce at 202–482–2440 or by email: *Sharron.Cook@bis.doc.gov.*

*For technical questions contact:*

*Category 2:* Joseph Giunta at 202–482–3127 or *Joseph.Giunta@bis.doc.gov*
*Category 3:* Carlos Monroy at 202–482–3246 or *Carlos.Monroy@bis.doc.gov*
*Category 5:* Aaron Amundson or Anita Zinzuvadia 202–482–0707 or *Aaron.Amundson@bis.doc.gov* or *Anita.Zinzuvadia@bis.doc.gov*
*Category 9:* Michael Rithmire 202–482–6105 or Michael Tu 202–482–6462 or *Michael.Rithmire@bis.doc.gov* or *Michael.Tu@bis.doc.gov*
*Category 9x515 (Satellites):* Michael Tu 202–482–6462 or *Michael.Tu@bis.doc.gov*

**SUPPLEMENTARY INFORMATION:**

ECRA and the decision of the WA to add the technologies to its control lists, thereby making exports of such technologies subject to multilateral control (following implementation by the United States and other WA participating countries).

To implement the WA control list changes, this rule adds to the EAR's CCL the following six recently developed or developing technologies that are essential to the national security of the United States: Hybrid additive manufacturing (AM)/computer numerically controlled (CNC) tools; computational lithography software designed for the fabrication of extreme ultraviolet (EUV) masks; technology for finishing wafers for 5nm production; digital forensics tools that circumvent authentication or authorization controls on a computer (or communications device) and extract raw data; software for monitoring and analysis of communications and metadata acquired from a telecommunications service provider via a handover interface; and

Additive Manufacturing machines classified under ECCN 2B001 require a license to countries that have an "X" under columns NS column 2, NP column 1, or AT column 1. License Exception STA, as well as any applicable transaction-based license exceptions, are available if all of the criteria for the license exception are met and none of the restrictions in § 740.2 apply.

**Category 3—Electronics**

*3D003 'Computational Lithography' "Software" "Specially Designed" for the "Development" of Patterns on EUV-Lithography Masks or Reticles*

The Heading of 3D003 is revised to update controls on emerging Electronic Design Automation (EDA) or computational lithography software developed for Extreme Ultraviolet (EUV) masks. Extreme Ultraviolet Lithography (EUVL) introduces a number of issues that must be accurately modeled and corrected on the mask or reticle to produce optimized patterns in resist.

## 13. 미국, 중국, 유럽, 일본의 반도체 전략 비교

| 구 분 | 주요 내용 |
|---|---|
| 미국 | • 「CHIPS for America Act」를 통해 2024년까지 반도체 장비 및 제조 시설 투자비의 40% 수준 세액 공제, 150억 달러 규모의 연방 기금 조성 후 미국 내 파운드리 건설 지원<br>• 「American Foundries Act of 2020」을 통해 반도체 설비 확충 및 핵심 생산 기술 R&D에 250억 달러 투자 |
| 일본 | • 첨단 반도체 양산 체제 구축, 차세대 반도체의 설계 및 개발 강화, 반도체 기술의 그린이노베이션, 국내 반도체 제조 기반 재생, 경제 안전 보장 관점에서의 국제 전략 추진<br>• 차세대 반도체 기술 개발을 위해 2,000억 엔, AI 칩 및 차세대 컴퓨팅 사업에 100억 엔 투자 |
| EU | • 2030년까지 글로벌 생산에서 EU 점유율 20% 달성 목표<br>• EU 예산 중 RRF(Recovery and Resilience Facility)를 통해 향후 2~3년간 1,450억 유로 투자 |
| 중국 | • '중국 제조 2025'를 통해 2025년까지 반도체 자급률 70% 달성을 위한 투자 강화<br>• 신시대 집적 회로 산업과 소프트웨어 산업의 질적 발전 촉진을 통해 반도체 재료 및 설비 산업의 발전 촉진<br>• 제14차 5개년 경제 규획(2021~25)을 통해 반도체 산업 육성 |

자료: 오태현(2021), KIEP

## 14. 일본의 반도체 전략(2021년 6월)

| 전 략 | 시 책 |
|---|---|
| 전략 1: 첨단 반도체 제조 기술의 공동 개발과 파운드리의 국내 입지 | 1. 미세화 프로세스 기술 개발 프로젝트(2nm 이후) |
| | 2. 3D화 프로세스 기술 개발 프로젝트(3D 패키지, 칩렛 등) |
| | 3. 첨단 로직 반도체 양산 공장의 국내 입지 |
| | 4. AIST(産総研)를 중심으로 한 '첨단 반도체 제조 기술 컨소시엄' |
| | 5. TAI(쓰쿠바이노베이션아레나)의 '반도체 오픈 이노베이션 거점화' |
| | 6. 반도체 제조 장치·재료 등의 선도적 연구(차세대 EUV용 장치·재료 기술 등) |
| 전략 2: 디지털 투자의 가속화와 첨단 로직 반도체의 설계 강화 | 1. 포스트 5G 정보 통신 시스템 관련 반도체 기술 개발 |
| | 2. 차세대 그린 데이터 센터 기술 개발 |
| | 3. 차세대 차재(車載) 컴퓨팅 기술 개발 |
| | 4. 어플리케이션 시스템 기반 반도체 기술 개발 |
| | 5. 포스트 후가쿠(富岳)를 염두에 둔 연구 개발 |
| | 6. 첨단 로직 반도체의 설계 개발 거점 |
| | 7. AIST(産総研)의 '차세대 컴퓨팅 기반 개발 거점'화 |
| 전략 3: 반도체 기술의 그린 이노베이션 촉진 | 1. 차세대 파워 반도체 기술 개발 |
| | 2. 차세대 그린 데이터 센터 기술 개발(재게) |
| | 3. 차세대 엣지 컴퓨팅 기술 개발·초분산 그린 컴퓨팅 기술 개발 |
| | 4. 차세대 차재(車載) 컴퓨팅 기술 개발(재게) |
| | 5. 에너지 저감 일렉트로닉스 사업 |
| | 6. 광(光)일렉트로닉스 사업 |
| | 7. 탄소 중립 투자 촉진 세제 |
| 전략 4: 국내 반도체 산업의 포트폴리오와 레질리언스 강인화 | 1. 공급망 강인화 |
| | 2. 하이엔드·미들레인지 공장의 입지 대책 |
| | 3. 기존 공장의 쇄신 |
| | 4. 유틸리티 비용 저감 |
| | 5. 반도체 분야의 기술 개발 목표 공유 |
| | 6. 대학 등의 반도체 연구 환경 정비 |
| | 7. 인재 육성·기술 계승 |

자료: 김규판(2021), KIEP

## 15. 일본의 반도체 전략(2023년 6월)

| 구 분 | STEP 1<br>국내 반도체 생산 기반 강화 | STEP 2<br>차세대 반도체 설계기술 확보 | STEP 3<br>미래 기술의 연구 개발 |
|---|---|---|---|
| 첨단 로직 반도체 | • 국내 제조 거점의 정비 | • 2nm 세대 로직 반도체의 제조 기술 개발<br>• Beyond 2nm 반도체 실현 위한 연구 개발(LSTC) | • 광융합 등 게임 체인저가 될 미래 기술 개발 |
| 첨단 메모리 반도체 | • 미국과 연계를 통한 국내 설계 · 제조 거점 정비 | • NAND, DRAM의 고성능화<br>• 혁신 메모리 개발 | • 혼재 메모리 개발 |
| 산업용 특화 반도체 | • 종래형 반도체의 안정적인 공급 체제 구축 | • SiC 파워 반도체 등의 성능 향상, 저비용화 | • GaN.Ga2O3파워 반도체 실용화를 위한 개발 |
| 첨단 패키지 | • 첨단 패키지 개발 거점 설립 | • 칩렛 기술의 확립 | • 광칩렛, 아날로그-디지털 혼재 SoC 실현 |
| 제조 장치 · 부소재 | • 첨단 반도체 등의 제조에 필수인 제조 장치·부소재의 안정적 공급 체제 구축 | • Beyond 2nm에 필요한 차세대 재료 실용화 위한 기술 개발 | • 미래 기술 실용화를 향한 기술 개발 |
| 국제 연계 | • 해외 파운드리(TSMC 등)와 합작 공장 설립 지원 | • 미일 반도체 협력 기본 원칙에 따른 TF를 활용해 미일 연구 기관(NSTC, LSTC) 연계 강화로 차세대 반도체 개발 추진<br>• 라피더스, 미국 IBM, 벨기에 imec 등 연계 | • 미국, EU, 벨기에, 네덜란드, 영국, 한국, 대만 등과 차세대 반도체 사용 사례 창출 및 연구 개발 연계 추진 |

자료: Kotra 도쿄무역관(2023년), 일본 경제산업성 자료를 바탕으로 요약/정리

# Ⅲ. 반도체 산업 & 기업

## 16. 반도체 가치 사슬 및 기업 유형

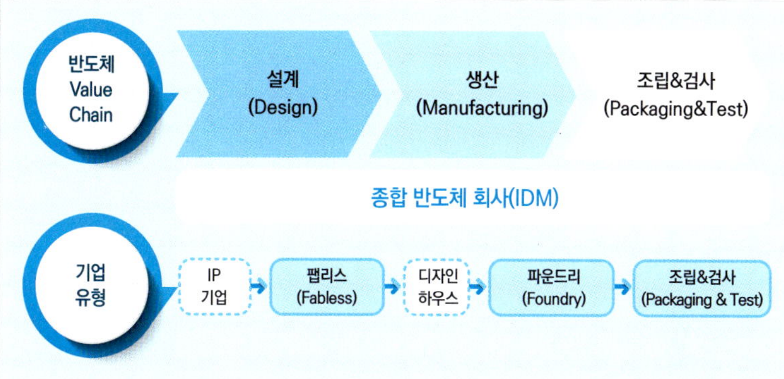


자료: 한국반도체산업협회(2021)

## 17. 웨이퍼 크기의 발전

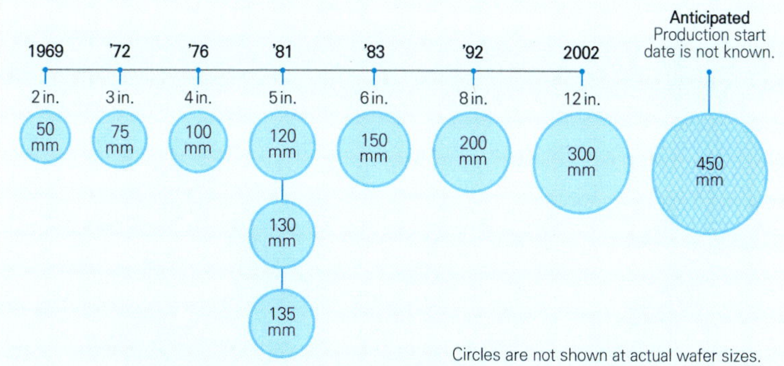


자료: 미국의회연구소(2020)

## 18. 반도체 분야별 리더 기업(2020년)

| Logic | | | | Memory | | Analog |
|---|---|---|---|---|---|---|
| PC CPU | Mobile CPU | GPU | FPGA | DRAM | NAND | |
| 인텔 - 78% | Qualcomm - 29% | NVIDIA - 82% | Xilinx - 52% | Samsung - 42% | Samsung - 33% | Texas Instruments - 19% |
| AMD -22% | MediaTek - 26% | AMD - 18% | 인텔 - 36% | SK Hynix - 30% | Kioxia - 20% | Analog Devices - 10% |
| | 하이실리콘 - 16% | | Microchip Technology - 7% | Micron -23% | Western Digital - 14% | Infineon - 7% |
| | Samsung - 13% | | Lattice - 5% | | SK Hynix - 12% | Skyworks - 7% |
| | Apple - 13% | | | | Micron - 11% | ST - 6% |
| | | | | | 인텔 - 9% | NXP - 5% |

자료: The White House(2021)

## 19. 메모리 반도체 글로벌 시장 점유율(2023.)

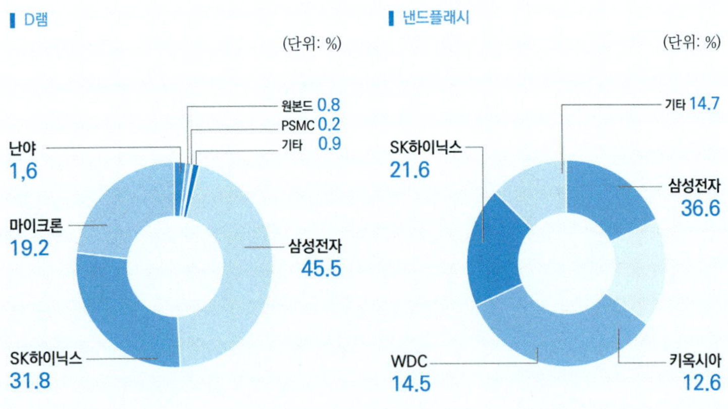


자료: 트렌드포스(2024)

## 20. 반도체 장비 글로벌 시장 점유율(2023년)

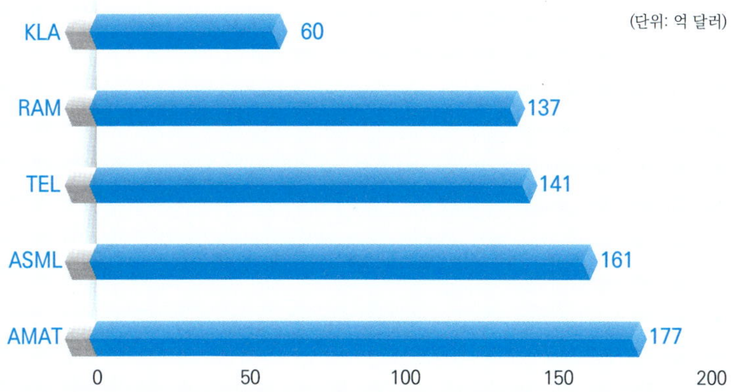


자료: 한국경제 (2023), Gartner

## 21. 상위 10대 OSAT 기업 점유율(2023년)

| 순 위 | 업 체 | 점유율(%) |
|---|---|---|
| 1 | ASE(대만) | 27.6 |
| 2 | Amkor(미국) | 15.9 |
| 3 | JCET(중국) | 11.3 |
| 4 | TFME(중국) | 7.1 |
| 5 | PTI(대만) | 6.4 |
| 6~10 | | 11.8 |

주: OSAT(Outsourced Semiconductor Assembly and Test, 반도체 조립, 테스트)
자료: IDC(2023)

반도체 전쟁, 합종연횡의 Power

## 저자 소개_ 최 낙 섭

미중 갈등 전문가로서 기업이 직면하거나 직면할 수 있는 기회와 위기를 선제적으로 분석하고 제안하는 일을 하고 있다. 현재 SK그룹의 Think Tank인 SK경영경제연구소에서 일하고 있으며, 세상을 읽어 내는 힘에 관심이 많다. 한국경제신문에서의 기자 생활과 중국 칭화대학에서의 유학 경험이 오늘의 세상을 읽어내는데 큰 도움이 되고 있다. 일상 생활속에서 자강불식(自强不息)을 실천하려고 노력 중이다.


**반도체 전쟁, 합종연횡의 Power**

초판 1쇄 인쇄 2024년 10월 21일
초판 1쇄 발행 2024년 10월 25일

저 자 최 낙 섭
펴낸이 임 순 재
펴낸곳 (주)한올출판사
등 록 제11-403호
주 소 서울시 마포구 모래내로 83(성산동 한올빌딩 3층)
전 화 (02) 376-4298(대표)
팩 스 (02) 302-8073
홈페이지 www.hanol.co.kr
e-메일 hanol@hanol.co.kr
ISBN 979-11-6647-499-6

반도체 전쟁, 합종연횡의 Power

반도체 전쟁, 합종연횡의 Power

반도체 전쟁, 합종연횡의 Power